目上花开
Flowers on Mind

奇器天工
中国古代重大科技创新
ZHONGGUO GUDAI ZHONGDA KEJI CHUANGXIN

从远古到明清，
从简单石器到精密繁复的机械构造，
曾经存在于古人日常中的机械，
当今化身为最佳的文献史料，
完整了机械发展的篇章。

中国古代重大科技创新

ZHONGGUO GUDAI ZHONGDA KEJI CHUANGXIN

奇器天工

中国科学院自然科学史研究所 总策划

陈朴 孙显斌 主编

萧国鸿 著

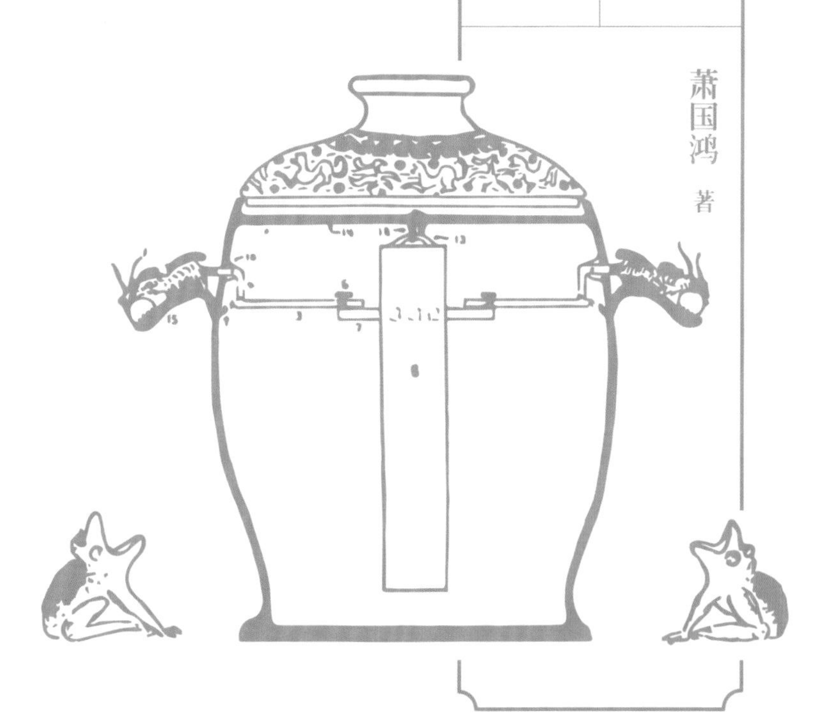

CTS K 湖南科学技术出版社·长沙

图书在版编目（CIP）数据

中国古代重大科技创新. 奇器天工 / 萧国鸿著. —长沙：湖南科学技术出版社，2023.11
ISBN 978-7-5710-1321-9

Ⅰ. ①中… Ⅱ. ①萧… Ⅲ. ①科学技术－技术史－中国－古代 Ⅳ. ① N092

中国国家版本馆 CIP 数据核字 (2023) 第 034553 号

中国古代重大科技创新

QIQI TIANGONG

奇器天工

著　　者：萧国鸿
出 版 人：潘晓山
责任编辑：李文瑶 梁蕾 王舒欣
出版发行：湖南科学技术出版社
社　　址：长沙市芙蓉中路 416 号
　　　　　http://www.hnstp.com
印　　刷：长沙市雅高彩印有限公司
　　　　　（印装质量问题请直接与本厂联系）
厂　　址：长沙市开福区中青路1255号
邮　　编：410153
版　　次：2023 年 11 月第 1 版
印　　次：2023 年 11 月第 1 次印刷
开　　本：787mm × 1092mm　1/16
印　　张：12.75
字　　数：178 千字
书　　号：ISBN 978-7-5710-1321-9
定　　价：98.00 元

总序

GENERAL ORDER

中国有着五千年悠久的历史文化，中华民族在世界科技创新的历史上曾经有过辉煌的成就。习近平主席在给第22届国际历史科学大会的贺信中称："历史研究是一切社会科学的基础，承担着'究天人之际，通古今之变'的使命。世界的今天是从世界的昨天发展而来的。今天世界遇到的很多事情可以在历史上找到影子，历史上发生的很多事情也可以作为今天的镜鉴。"文化是一个民族和国家赖以生存和发展的基础。党的十九大报告提出："文化是一个国家、一个民族的灵魂。文化兴国运兴，文化强民族强。"历史和现实都证明，中华民族有着强大的创造力和适应性。而在当下，只有推动传统文化的创造性转化和创新性发展，才能使传统文化得到更好的传承和发展，使中华文化走向新的辉煌。

创新驱动发展的关键是科技创新，科技创新既要占据世界科技前沿，又要服务国家社会，推动人类文明的发展。中国的"四大发明"因其对世界历史进程产生过重要影响而备受世人关注。

但“四大发明”这一源自西方学者的提法，虽有经典意义，却有其特定的背景，远不足以展现中国古代科技文明的全貌与特色。那么中国古代到底有哪些重要科技发明创造呢？在科技创新受到全社会重视的今天，其也成为公众关注的问题。

科技史学科为公众理解科学、技术、经济、社会与文化的发展提供了独特的视角。近几十年来，中国科技史的研究也有了长足的进步。2013 年 8 月，中国科学院自然科学史研究所成立“中国古代重要科技发明创造”研究组，邀请所内外专家梳理科技史和考古学等学科的研究成果，系统考察我国的古代科技发明创造。研究组基于突出原创性、反映古代科技发展的先进水平和对世界文明有重要影响三项原则，经过持续的集体调研，推选出“中国古代重要科技发明创造 88 项”，大致分为科学发现与创造、技术发明、工程成就三类。本套丛书即以此项研究成果为基础，具有很强的系统性和权威性。

了解中国古代有哪些重要科技发明创造，让公众知晓其背后的文化和科技内涵，是我们树立文化自信的重要方面。优秀的传统文化能“增强做中国人的骨气和底气”，是我们深厚的文化软实力，是我们文化发展的母体，积淀着中华民族最深沉的精神追求，能为“两个一百年”奋斗目标和中华民族伟大复兴奠定坚实的文化根基。以此为指导编写的本套丛书，通过阐释科技文物、图像中的科技文化内涵，利用生动的案例故事讲解科技创新，展现出先人创造和综合利用科学技术的非凡能力，力图揭示科学技术的历史、本质和发展规律，认知科学技术与社会、政治、经济、文化等的复杂关系。

另一方面，我们认为科学传播不应该只传播科学知识，还应该传播科学思想和科学文化，弘扬科学精神。当今创新驱动发展的浪潮，也给科学传播提出了新的挑战：如何让公众深层次地理解科学技术？科技创新的故事不能仅局限在对真理的不懈追求，还应有历史、有温度，更要蕴含审美价值，有情感的升华和感染，生动有趣，娓娓道来。让中国古代科技创新的故事走向读者，让大众理解科技创新，这就是本套丛书的编写初衷。

全套书分为“丰衣足食·中国耕织”“天工开物·中国制造”“构筑华夏·中国营造”“格物致知·中国知识”“悬壶济世·中国医药”五大板块，系统展示我国在天文、数学、农业、医学、冶铸、水利、建筑、交通等方面的成就和科技史研究的新成果。

中国古代科技有着辉煌的成就，但在近代却落后了。西方在近代科学诞生后，重大科学发现、技术发明不断涌现，而中国的科技水平不仅远不及欧美科技发达国家，与邻近的日本相比也有相当大的差距，这是需要正视的事实。“重视历史、研究历史、借鉴历史，可以给人类带来很多了解昨天、把握今天、

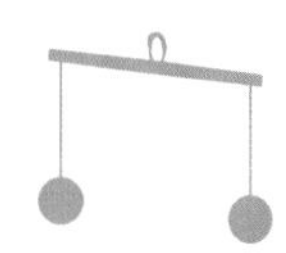

开创明天的智慧。所以说，历史是人类最好的老师。”我们一方面要认识中国的科技文化传统，增强文化认同感和自信心；另一方面也要接受世界文明的优秀成果，更新或转化我们的文化，使现代科技在中国扎根并得到发展。从历史的长时段发展趋势看，中国科学技术的发展已进入加速发展期，当今科技的发展态势令人振奋。希望本套丛书的出版，能够传播科技知识、弘扬科学精神、助力科学文化建设与科技创新，为深入实施创新驱动发展战略、建设创新型国家、增强国家软实力，为中华民族的伟大复兴牢筑全民科学素养之基尽微薄之力。

冯立昇

2018 年 11 月于清华园

前言

PREFACE

科技始终来自人性，古今中外皆同。机械发展与生活息息相关，为了满足需求进而研发出能够改善生活或提高效率的机械帮手，机械技术的发展仿佛历史缩影，述说着生活型态的改变、呼应着历史事件的发展，亦代表着人类文明的不断进步。

中国是世界上最早使用和发展机械的国家之一，古代的机械技术在秦汉时期已达到成熟的阶段，进入世界先进的行列；三国时期到明朝仍保持高速度向前迈进，但大致在明代中后期退出先进行列。这一千多年的时间中，出现许多具有代表性的重要科技成果，为人类文明与社会发展做出了重大的贡献。

中国古代杰出的机械发明，大部分是为了满足一般老百姓的生活需要或是提高工作效率而产生的，例如龙骨水车、水碓、水排、风扇车、凿井机械、纺织机械等，这些平民百姓使用的古代机械常见于各种古籍文献中，亦在中国各地普遍使用，数量多且使用范围广，直到近现代都还可以发现这些机械的踪迹。另一部分则是因应朝廷的需要或是直接提供给帝王与达官贵人所用，如候风地动仪、水运仪象台、指南车、记里鼓车等，这部分的机械发明，或许是因为数量较少，抑或是特殊的使用条件与历史背景，实体文物已不复存在，只剩下文献记载，留给后人许多想象的空间及后续研究的议题。

本书运用浅显易懂的文字说明，配合珍贵的文献图画及生动有趣的插图，介绍中国古代机械的发展历程及使用情况，精选东汉时期的张衡候风地动仪、北宋期间的苏颂水运仪象台，及指南车等三项重要的发明，循着机械的发展脉络，带领各位读者进入时光隧道，一同认识这些非凡的古代机械发明，在字里行间听着机械沉稳地运转，共赏古代发明家的智慧结晶。此外，由于候风地动仪、水运仪象台及指南车三项奇特的机械实体文物，已经消失在漫漫的历史长河中，属于没有实物流传只有文献记载的失传古机械，所以本书除了从相关古籍资料进行梳理与探讨之外，亦从全世界专家学者的研究成果中，提取与介绍这三项失传古机械的复原研究成果，供读者参考。同时也验证这些杰出的机械发明，甚至获得国际科技与技术史相关学者的密切关注。

从远古到明清，从简单石器到精密繁复的机械构造，曾经存在于古人日常中的机械，当今化身为最佳的文献史料，完整了机械发展的篇章。随着时间的推进，这些重要的机械发明，不论是改良或创新，都有令人赞叹的机械原理与构造设计，值得记录并留传。透过探讨这些伟大的机械发明，除了继续发扬古代机械的辉煌成就之外，还可以了解古人的智慧结晶，更可以从中找寻现代创意设计的灵感，激发更多设计能量，有兴趣的朋友来一起努力吧！或许你我都有可能成为另一个实用机械的发明家。

目录

CONTENTS

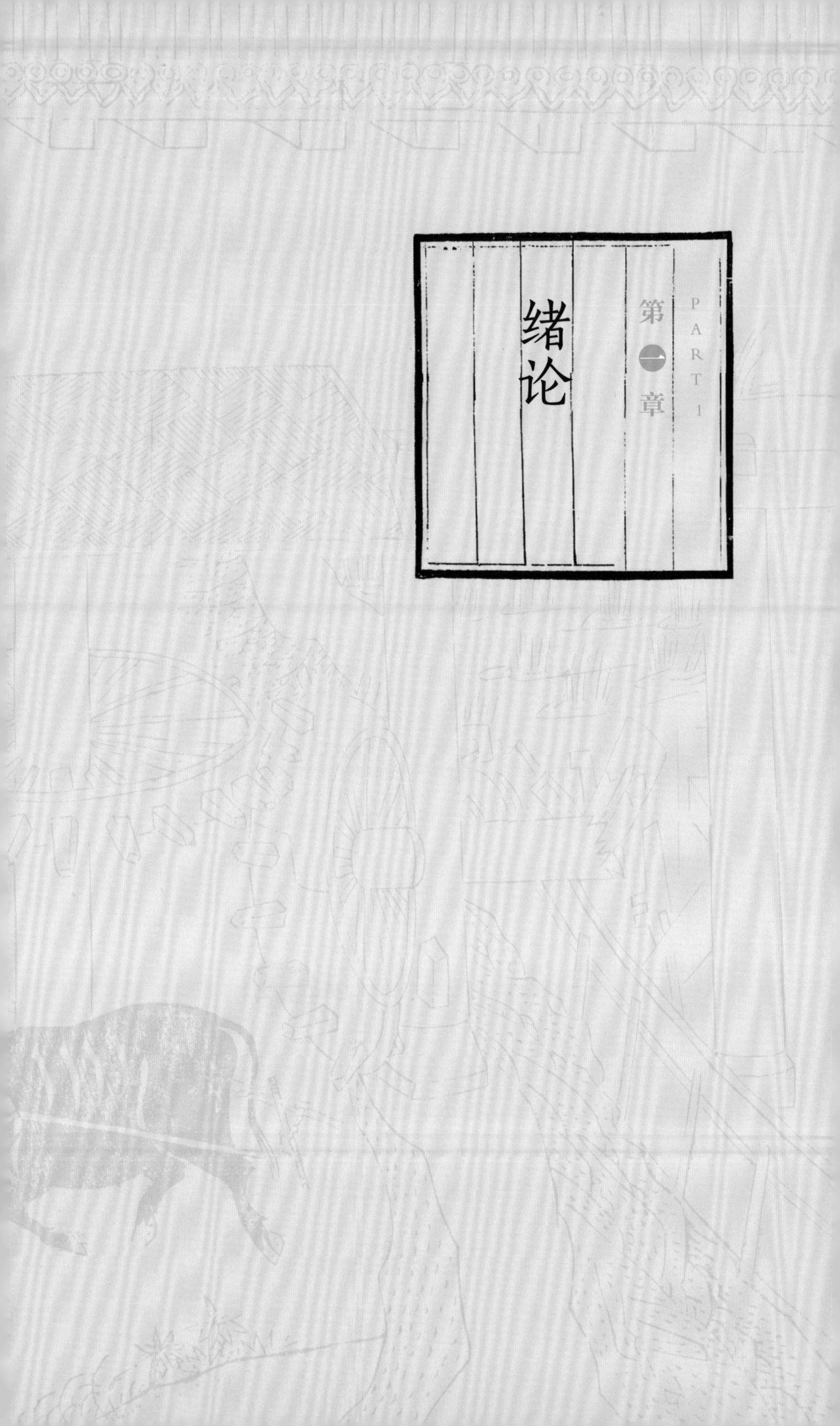

第一章 绪论

PART 1

中国文学、艺术、建筑、农业、戏剧、饮食文化随着朝代更迭，在历史的道路上绽放着不同的光芒与精彩，科技发明亦不例外。中国古代便已拥有许多精密的机械发明，让我们借由本书，一步步来认识与了解这些伟大的发明吧！

科技始终来自人性

事情是这样的，为什么中国古代会有这些机械的存在呢？其实原因很简单，就如同今日许多的科技发明一样，皆是因为人类生活上有需求，所以才会被发明出来，用于帮助人类获得更好的生活质量或进行经济活动。机械最主要的功用在于能够提高货品的产量，也就是可以批量生产商品，或使复杂的物品，以较简单的方式制造，从而直接或间接地影响人类的生活或经济方式。机械的发明与人类社会的进步，有着相互影响的紧密关系！

中国拥有数千年的历史，发明了许多精巧的机械，而对于古机械发展的研究，可着重从以下 4 个方面去研究。

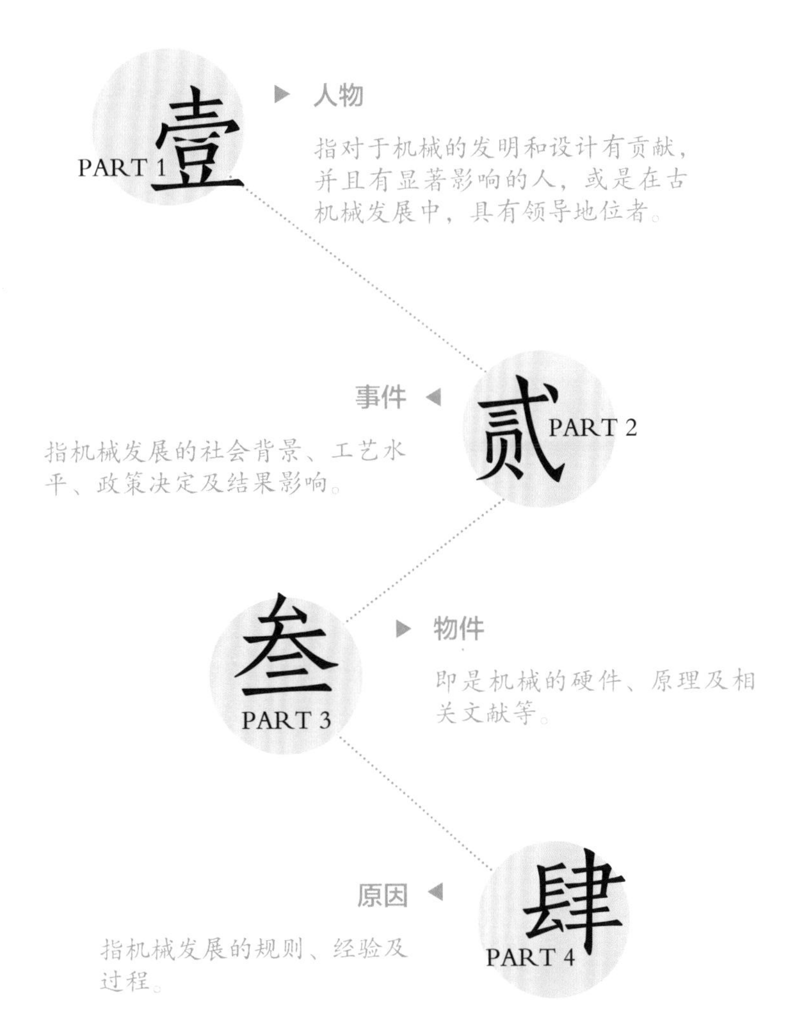

分门别类古机械

15 世纪以前的古中国，相当于明朝时期，在机械工程领域已有相当的成就。但因为古籍文献记载不完全或是实物已经失传，很多的古机械原型就这样消失在历史长河中，已经不可考了，有不少的发明甚至没有流传下来，后人只能根据有限的史料做出模型，或将他们看作奇器，有些则因为没有根据，只能被归为无稽之谈，甚是可惜呀！

不过，中国几千年的历史中，还是有丰富多样的机械设计或发明，这些都是过去那些发明家的心血结晶，汇集起来有如夜空中的星星般耀眼。下面我们来论述一些简单的古机械分类知识，让读者在脑海中先有些粗略的归纳，以便后续更深入地了解。

一、古机械型录

基于应用上的考虑，古中国的机械可分为以下类型：

1. 省力器械 即简单机械，如滑轮、轮子、斜面及其复合装置。

2. 传动组件 如连杆、齿轮、链条（天梯）、弹簧及其复合装置。

3. 汲水器械 如水车、筒车、龙骨车、翻车、水转翻车等。

4. 农业器械 如捣槌机械、研磨机械、碾、风扇车、插秧机等。

5. 纺织机械 如纺纱机、织布机、提花织机等。

6. 矿冶机械　如钻探机械、磨玉机械、双作用活塞风箱等。

7. 印刷机械　如转盘排字架、旋转书架等。

8. 军事机械　如火箭、抛射（石）机、弓弩机等。

9. 航空机械　如风筝、降落伞、热气球、飞行器等。

10. 水上运输工具　如轮船、脚踏车船、摇桨轮船等。

11. 陆地运输工具　如战车、二轮人力车、木车马等。

12. 流体机械　如旋转风扇、走马灯、风车等。

13. 天文仪器　如日晷仪、浑仪、水力天文时钟（水运仪象台）等。

14. 其他　如地震仪（候风地动仪）、指南车、自动机械人等。

二、古机械的出生证明

如果我们从复原文物的角度来分类，古代的机械可根据史料记载与文物传世分为有凭有据、无凭有据和有凭无据三类。

1. 有凭有据

有凭有据是指史料上有记载且有真品传世的古机械，通常是应用较普及的古机械，所以较容易被记载以及流传后世，如山西太原市赵卿墓车马坑出土的大型东周（公元前 770—公元前 256）木车或是陕西西安市秦皇陵兵马俑出土的铜镞，可在《考工记》及其东汉（公元

图 1-2-1
被中香炉

25—公元 220）《郑玄注》注释中发现相关的文字记载。

有些机械因其实用性强，且发展成熟，在史料中也常可以看到相关的描述，如水车、水碓、龙骨水车、纺织机械、被中香炉等，甚至直到近代都仍在使用。这类机械不仅有出土文物，也有相关史料记载，两者相辅相成，容易验明正身。图 1-2-1 为被中香炉，又名卧褥香炉，文献记载约在公元 180 年东汉丁缓设计制作的被中香炉，是可以在被子中使用的炉子，主要功能是熏香及取暖。球中有活环和灰盂，灰盂不会随球体滚动而倾翻。

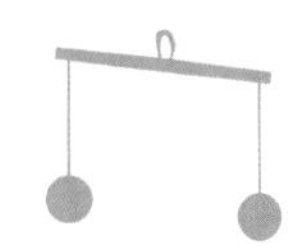

余就上林令虞淵得朝臣所上草木名二千餘種隣人
石瓊就余求借一皆遺棄今以所記憶列於篇右
長安巧工丁緩者為常滿燈七龍五鳳雜以芙蕖蓮藕
之奇又作卧褥香鑪一名被中香鑪本出房風其法
後絶至緩始更為之為機環轉運四周而鑪體常平
可置之被褥故以為名又作九層博山香鑪鏤為奇
禽恠獸窮諸靈異皆自然運動又作七輪扇連七輪
大皆徑丈相連續一人運之滿堂寒顫

图 1-2-2

丁缓设计制作被中香炉的记载·《西京杂记》

说明 丁缓（生卒年不详）是西汉末年有名的机械设计工程师，曾经设计制作中国传统玩具走马灯及可以调节空气的风扇。丁缓最有名的制造发明是被中香炉，虽然从文献资料而言，丁缓或许不是第一个发明被中香炉的人，但他让这个有趣的装置再度复活，并且是具有实用性的（图 1–2–2）。被中香炉的原理和现代飞机与轮船安装的陀螺仪相似，在空中或海上急速运动的时候，能够辨认方向。丁缓的“被中香炉”是世界上已知最早的常平支架，其构造精巧，无论球体香炉如何滚动，其中心位置的半球形炉体都能始终保持水平状态。镂空球内有两个环互相垂直且可灵活转动，炉体可绕三个互相垂直的轴线转动。

我们以寻常百姓使用的锁具作为例子，说明古锁有实物流传，也有文献记载，如图 1-2-3 所示。锁具的使用已有数千年的历史，锁具发展与当时的材料、工具及文化有密切关系。木锁是中国最早且具体的锁具，可追溯至五六千年前的仰韶文化，直到现在有些老建筑物也还在使用。春秋战国时期（公元前 770—公元前 221），已经发展出内部装有弹簧片的金属锁。唐代（公元 618—公元 907）的制锁工艺相当发达，其种类与外形日趋繁多；最晚于明代（公元 1368—公元 1644），需要特定的步骤与方式才能开启的机关锁，已被广泛地制造与使用，这样的机关锁，即便拥有钥匙，仍难以将锁具打开。从汉代开始，金属簧片锁一直是中国主要用锁。两千多年来，古早中国锁具的外观虽然有所变化，但是内部构造始终没有大的改进。到了 20 世纪 50 年代后，由于西方的栓销制栓锁进入中国，老百姓改成使用西洋锁，中国传统锁具才逐渐地退出市场。

图 1-2-3

古代锁具

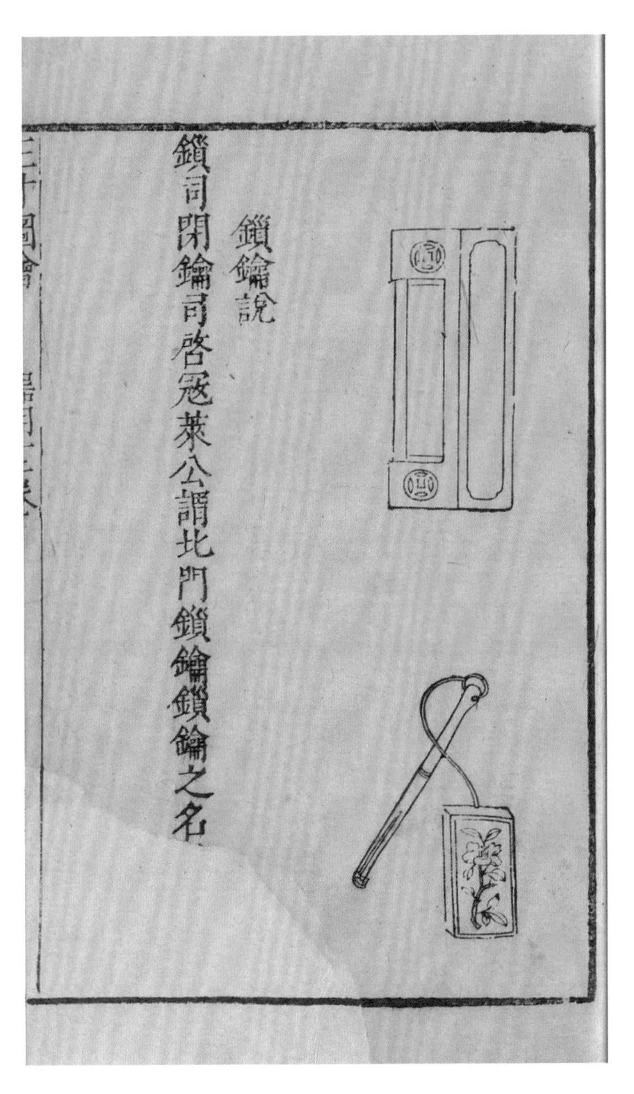

鎖鑰說

鎖司閉鑰司啓寇萊公謂北門鎖鑰鎖鑰之名

图 1-2-4

《三才图会》器用十二卷·书影

说明 《三才图会》又名《三才图说》，是由明朝文献学家、藏书家王圻及其子王思义撰写的百科式图录类书。此书成于明万历三十五年（公元 1607），共 106 卷，分 14 类：天文、地理、人物、时令、宫室、器用、身体、文史、人事、仪器、珍宝、衣服、鸟兽、草木。此本为明万历三十七年（1609）原刊本（图 1-2-4）。

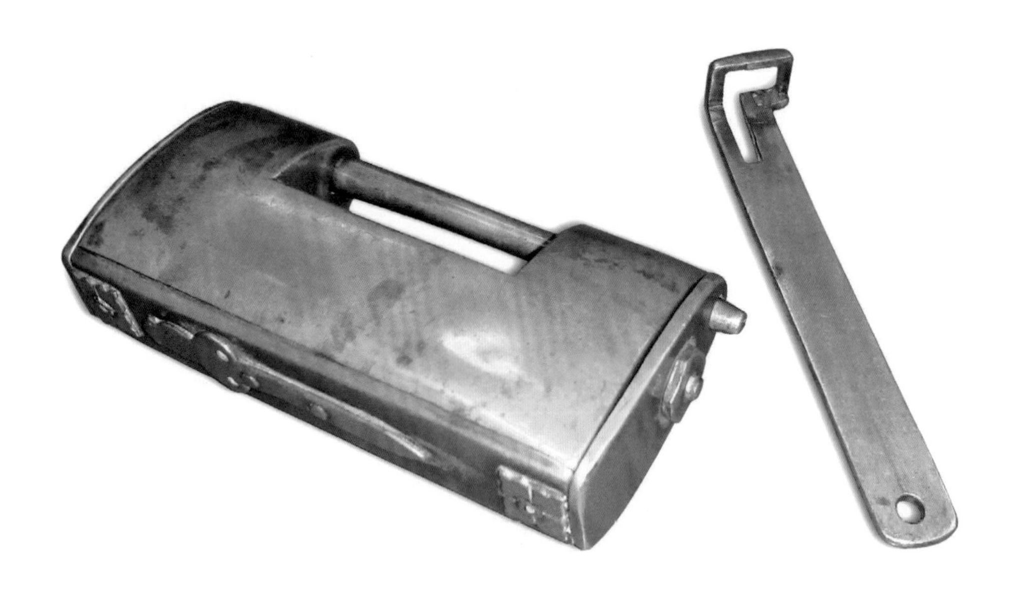

图 1-2-5

传统锁具 · 隐藏锁孔机关锁及其 3D 计算机透视图

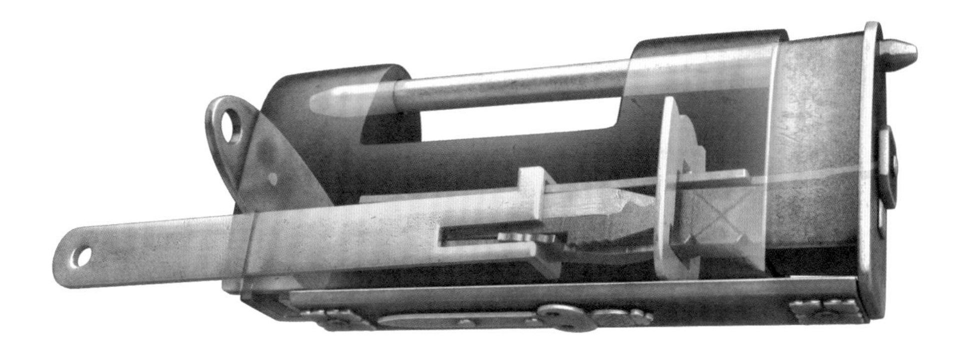

说明 图 1-2-5 是一把隐藏锁孔的机关锁，锁孔被巧妙地隐藏起来，整体造型相当雅致。锁体的两个端面上各装有一个轮形花样摘子，呈对称状，其中一个摘子是固定的，另一个摘子则是活动的。开锁时，先要按压活动摘子才可移动部分锁梁，也才能转开侧板与打开底板，找到锁孔后才能插入钥匙开锁。这个锁具机关设计非常巧妙，充分展现了古代匠人的巧思创意。给你钥匙，你需要多长时间才能把锁打开呢？

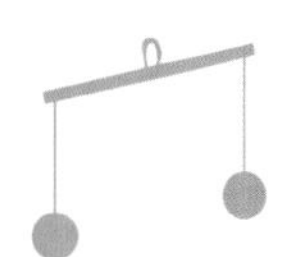

2. 无凭有据

无凭有据是指实际出土的古机械，但是却没有在史料中找到相关的记载。无凭有据的古机械就像是寻宝探险一样，随着考古队员的挖掘研究，发现令人惊奇的古机械发明，如仰韶文化遗址出土的尖底陶瓶（图 1-2-6）、秦皇陵铜车马（图 1-2-7），以及战国时期的楚国连发弩（图 1-2-8、图 1-2-9）。

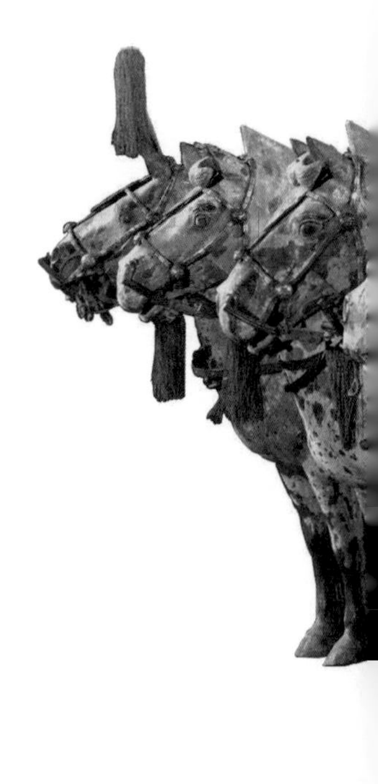

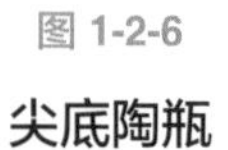

图 1-2-6

尖底陶瓶

图 1-2-7

秦皇陵铜车马

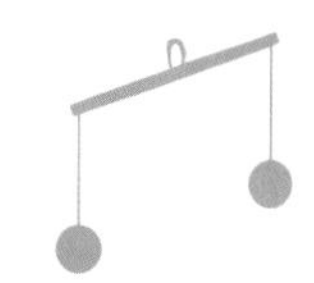

图 1-2-8

楚国连发弩 · 战国时期

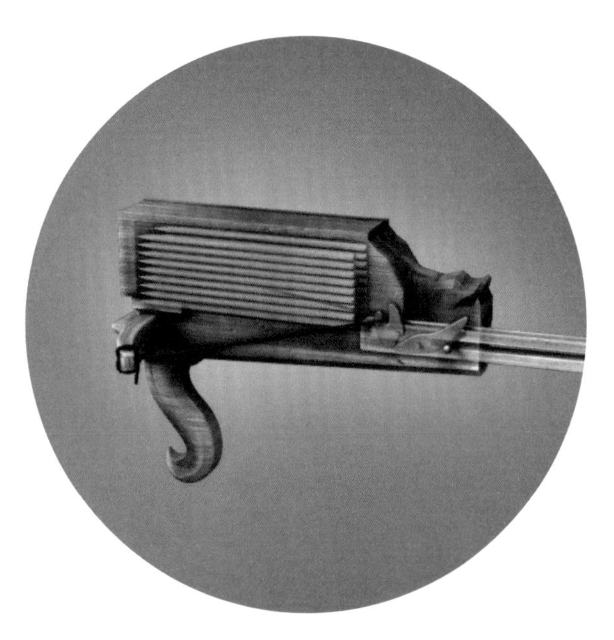

图 1-2-9

楚国连发弩 3D 计算机透视图

说明 根据湖北省江陵县一处古墓的考古发现，最早可以连续发射弓箭的十字弓就是上图的这把连发弩，可追溯至公元前 400 年。由于出土地隶属于战国时代楚国，因此命名为楚国连发弩，其组成包含机架、弩弓、弓弦、输入杆、触发杆及连接杆。箭匣固定在机架上，内装有 20 支箭，依序排列在两个弓箭通道中。触发杆与连接杆巧妙装在输入杆上，推动输入杆往前，连接杆勾住弓弦；拉动输入杆往后，使触发杆接触机架上的开启点，就可以释放弓弦射箭。每次射箭两发，箭匣的弓箭因重力依序落下，等待射击。机构设计十分巧妙，然而古文献并无楚国连发弩的相关记录，推测可能是墓主的玩具或物品，未大范围的使用。

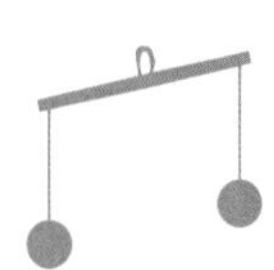

3. 有凭无据

有凭无据类就是有文献资料记载，但是却没有实物留世的古机械，留给后代研究者许多的想象空间，人们只能循着文字或图形去创造或仿真出实物，但机械的真面目，人们目前还无法知晓！这类古机械可再细分为有文有图、有文无图及无文有图三类。

① 有文有图

通常在一些著名的历史科技专著中对古机械有较详细的文字记录与图形说明，像是使用指南或工具书一般，图文并茂，颇富价值。如北宋（公元 960—公元 1127）曾公亮的《武经总要》（图 1-2-11）中有弓弩、抛石机、炮车、云梯等攻城器械的图说；北宋苏颂的《新仪象法要》有天文计时仪器的图说（图 1-2-10）；元朝（公元 1206—公元 1368）王祯的《王祯农书》中有各式农业与纺织器械图说（图 1-2-12）；明朝（公元 1368—公元 1644）宋应星的《天工开物》中有农具、织机、金属冶炼、弓弩等民生器具与生产技术的图说（图 1-2-13）；另外，明朝茅元仪的《武备志》中有火铳、炮车、战车、战船及水陆作战武器装备等各类攻城、守城器械的图说（图 1-2-14、图 1-2-15）。

渾儀

新儀象法要　卷上

龍柱
南極
鰲雲
龍柱
水趺

一五

图 1-2-10

浑仪·《新仪象法要》（苏颂，卷上）

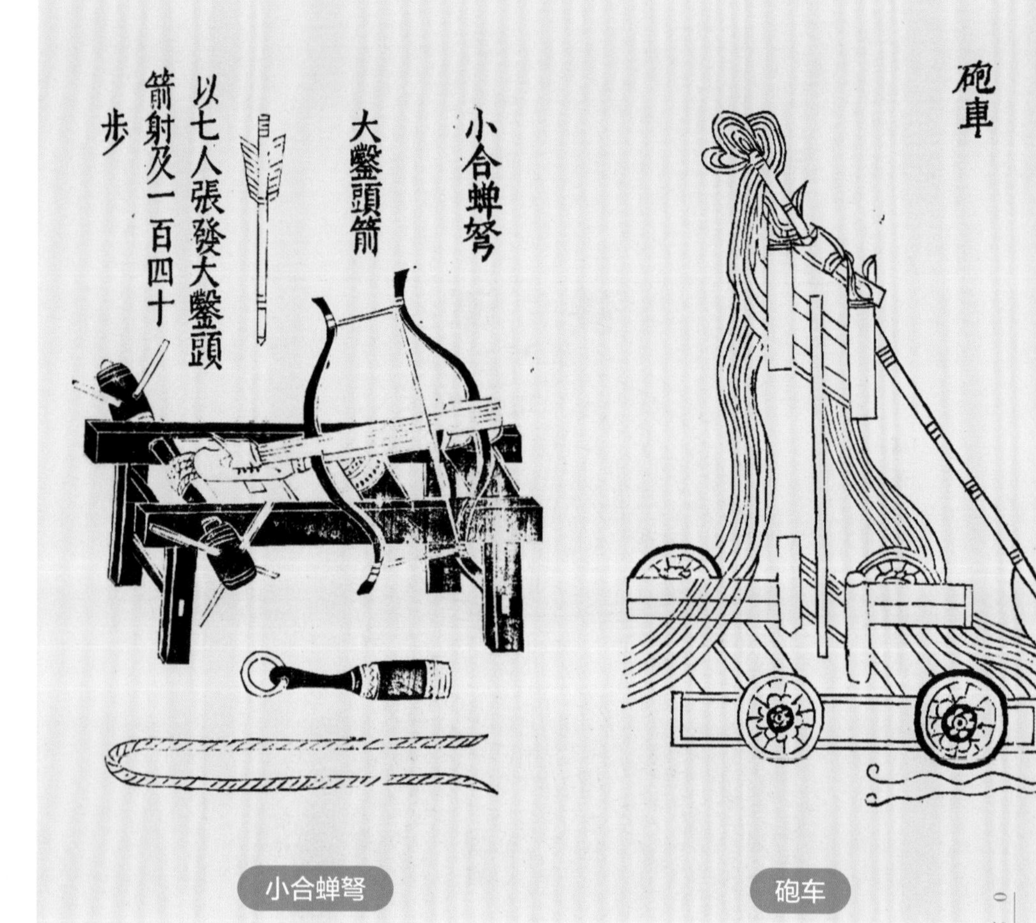

小合蝉弩

砲车

图 1-2-11

攻城器械 ·《武经总要》

牛转翻车

蟠车

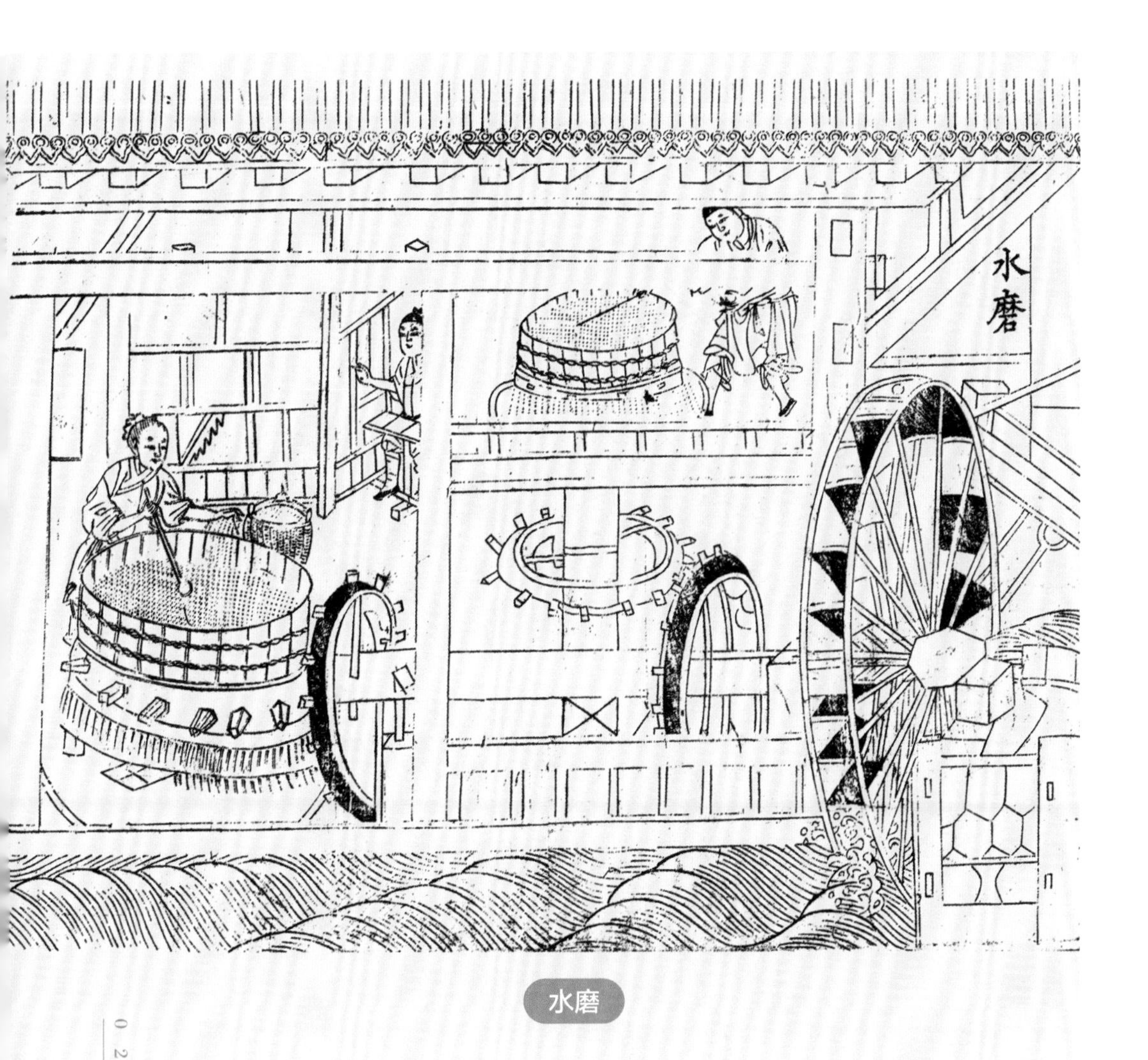

水磨

图 1-2-12

农业与纺织器械 · 《王祯农书》

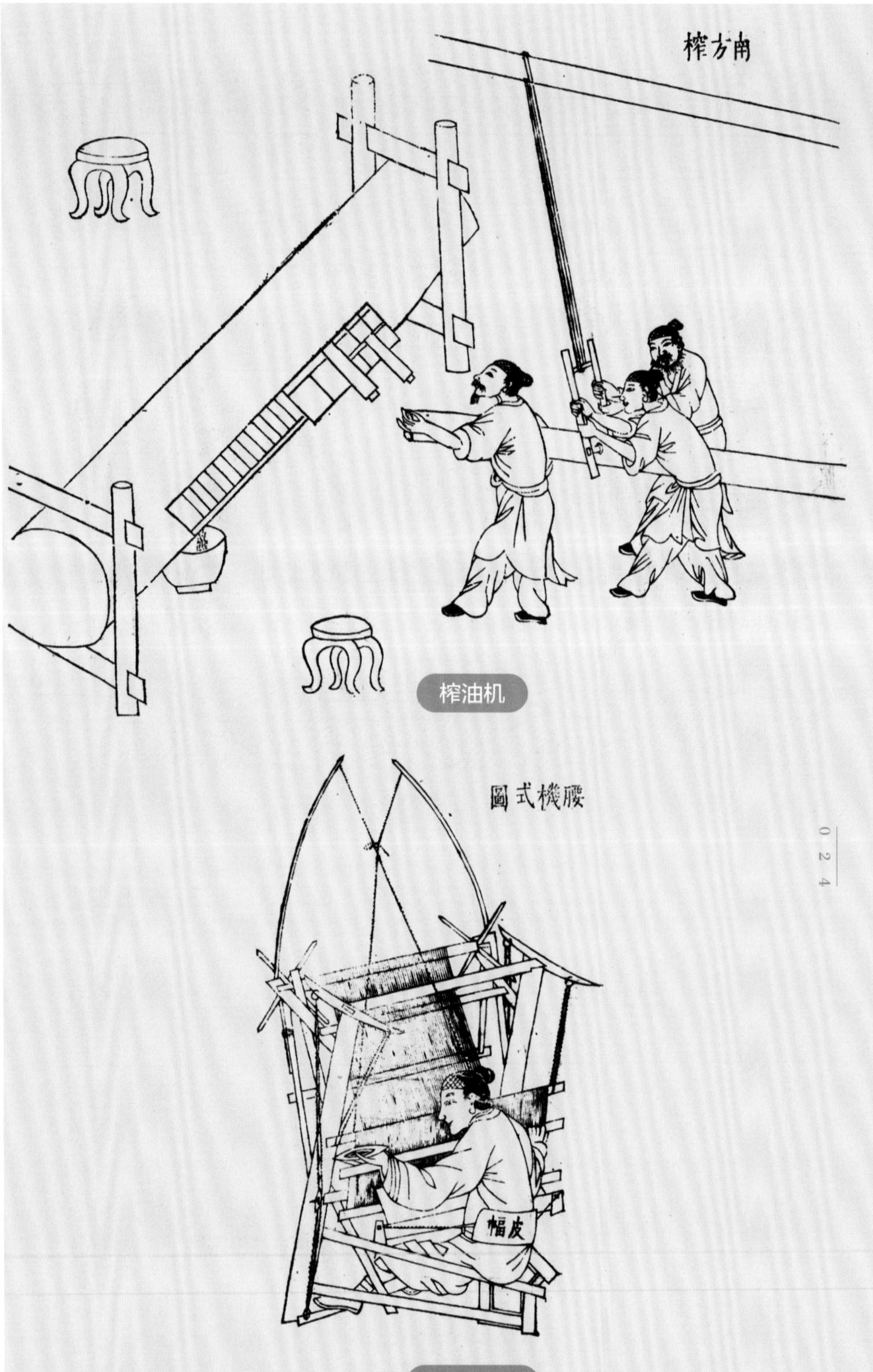

榨油机

腰机式图

图 1-2-13

民生器具与生产技术图说 ·《天工开物》

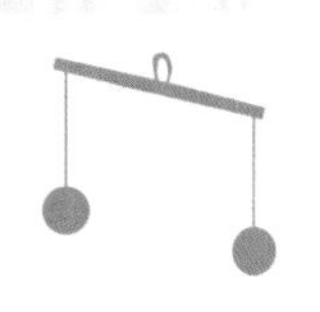

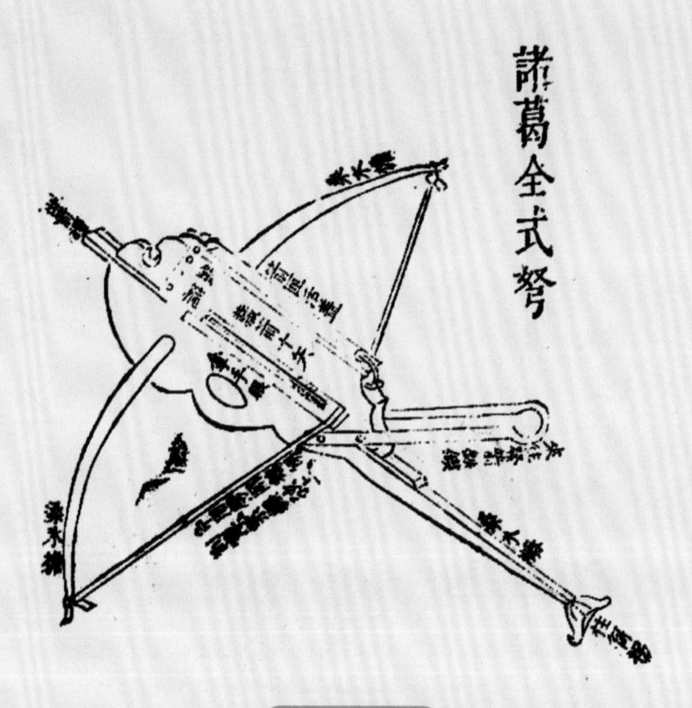

诸葛全式弩

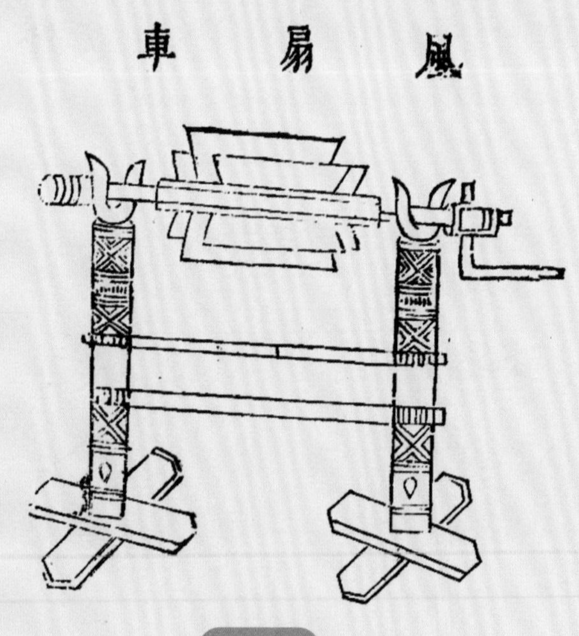

风扇车

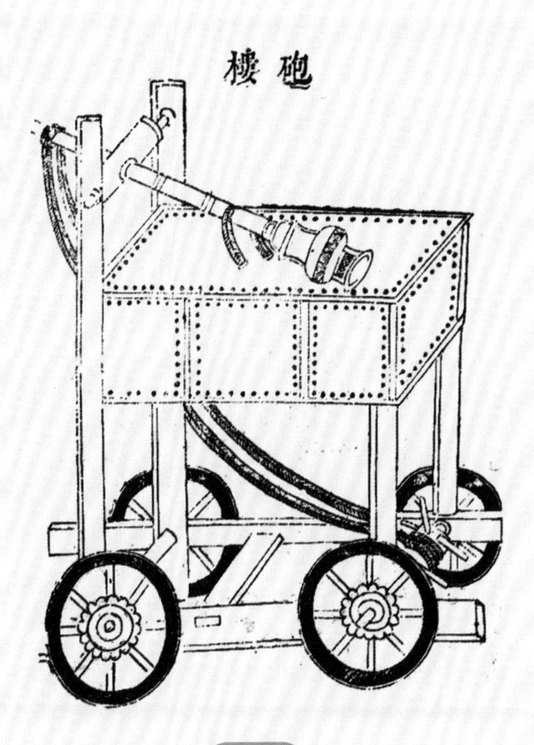

砲楼

图 1-2-14

战争武器装备 · 《武备志》

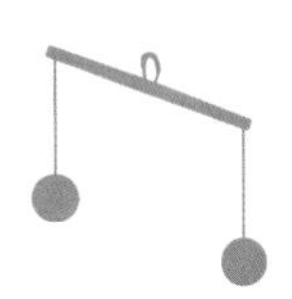

此弩即儒夫閨婦皆可執以環守其城一弩連發十矢鐵鏃塗以射虎毒藥發矢一中人馬見血立斃便捷輕巧即付騎兵亦可持之以衝突但矢力輕必藉藥耳

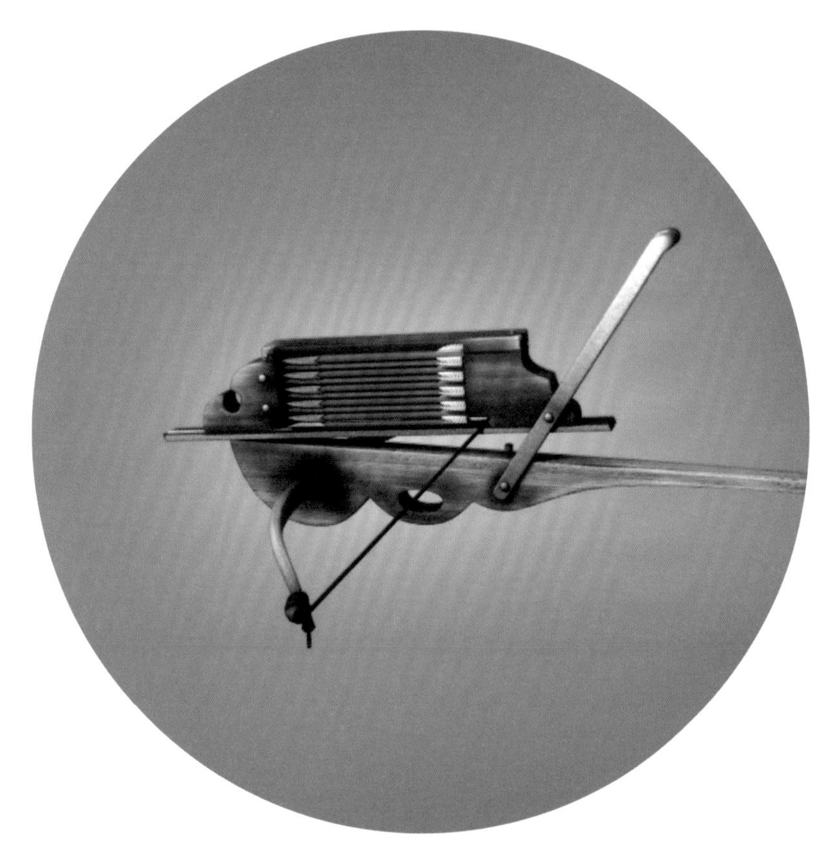

图 1-2-15

《武备志》记载连发弩及其 3D 计算机透视图

说明 《三国志》记载连发弩："损益连弩，谓之'元戎'，以铁为箭，长八寸，一弩十箭俱发。"又称诸葛亮（公元 181—公元 234）为发明者，因此后人称此装置为诸葛弩。此图所示者为《武备志》中的诸葛弩，其组成包含机架、弩弓、弓弦、输入杆及移动式箭匣。箭匣内装 10 支箭，射箭时，手握输入杆往前推，使得箭匣向前勾住弓弦，再把输入杆往后拉，弓弦碰到开启点即脱离箭匣射出弓箭。每次射出一支箭，弓箭也是因重力依序落下。《武备志》提到由于此弩力量小的人也可以操作，射程相对较短，会在箭头涂上射老虎的毒药，射到人之后，见血立毙，以增加攻击威力。宋朝（公元 960—公元 1279）之后，诸葛弩为军队的标准配备，直到甲午战争（公元 1894—公元 1895），清朝（公元 1616—公元 1911）士兵仍在使用。诸葛弩发明之后，基本构造上并无太多改变，成为历史悠久的机械武器之一。

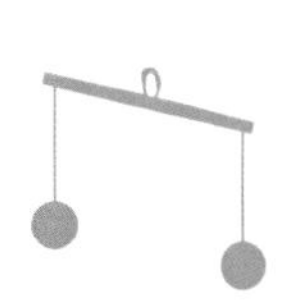

② 有文无图

有文无图类的古机械数量不少，相关的文献记载大多着重在形制与功能的描述，对机械构造的记载却很简单，甚至没有多加描述，使得后代复原研究者非常伤脑筋。有时候，一图胜千言，一张图能抵过许多令人费解的文字说明，使人们能够快速在脑海中建构出形象，但很可惜，这类机械如东周鲁班的木车马、东汉张衡的候风地动仪、三国时代（公元 220—公元 280）诸葛亮的木牛流马、北宋张思训的太平浑仪、北宋燕肃的指南车及元朝郭守敬的大明殿灯漏等都是有文无图的古机械。

③ 无文有图

与上面一种分类刚好相反，史料上记录了古机械的图形，但却没有相对应的文字记载，如河南汲县（今卫辉市）出土战国晚期（公元前 475—公元前 221）的铜鉴上，具车轮的云梯图案（图 1-2-16）。这类复原研究也颇令人伤神，因为对于描绘之古机械的考证，需要文字说明才能更确切。再者，或许原本的绘图已是不完整，抑或是随着时间的流逝，图像产生风化或损坏，有些细节在图形上已无法显示，需要文字详加描述才能完整呈现原貌。

图 1-2-16

河南汲县出土铜鉴上具车轮的云梯图

【《中国机械史》，第 73，图 3-34】

古机械回忆录 · GUJIXIEHUIYILU

五大省力法宝 · WUDASHENGLIFABAO

变化多多——连杆机构 · BIANHUADUODUO：LIANGANJIGOU

复杂运动不可少——凸轮机构 · FUZAYUNDONGBUKESHAO：TULUNJIGOU

连续啮合——齿轮机构 · LIANXUNIEHE：CHILUNJIGOU

唧唧复唧唧，木兰当户织——绳索传动 · JIJIFUJIJI MULANDANGHUZHI：SHENSUOCHUANDONG

递送小帮手——链条传动 · DISONGXIAOBANGSHOU：LIANTIAOCHUANDONG

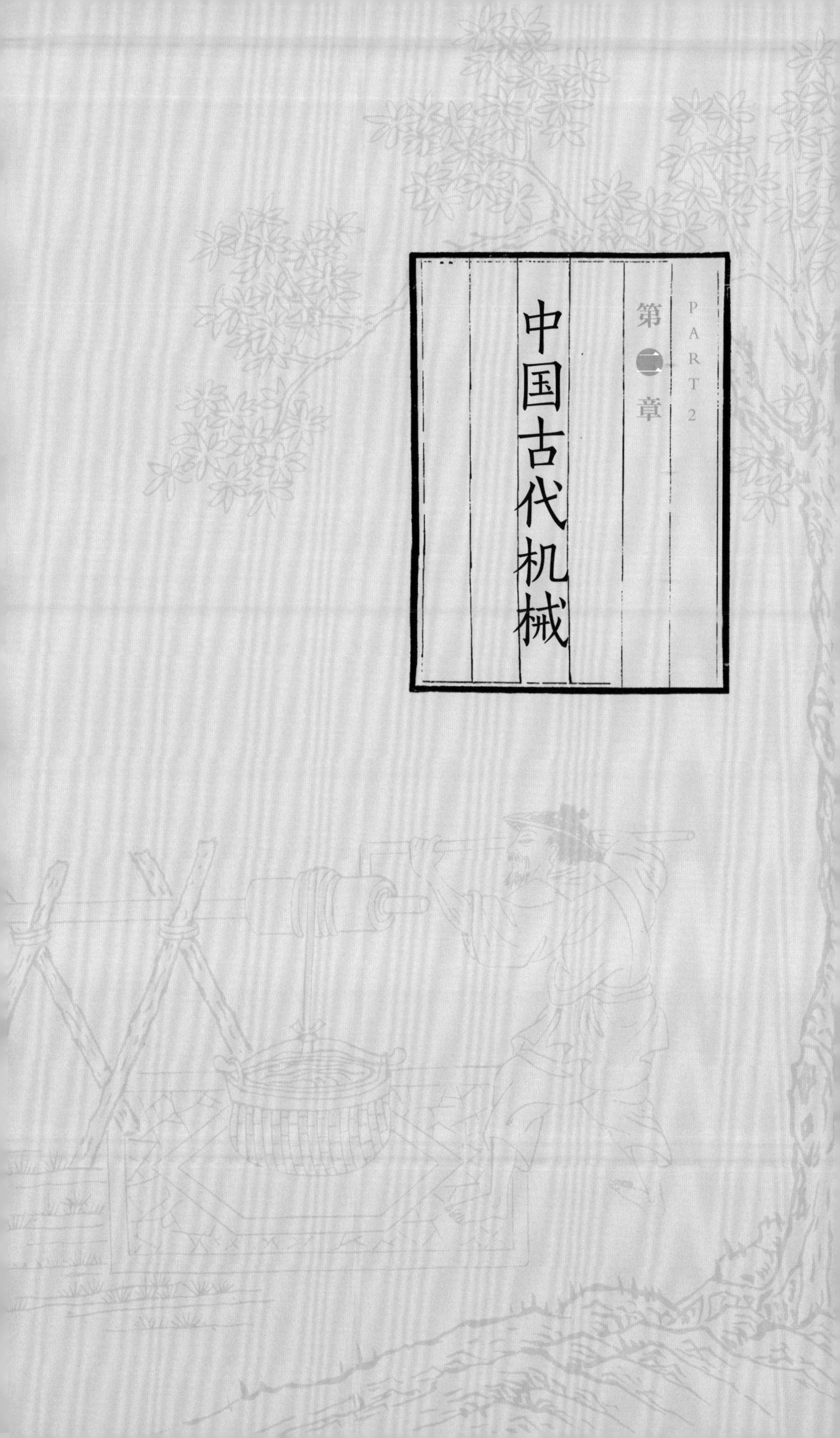

PART 2

第二章

中国古代机械

在对中国古代机械有一定的了解后，我们接着来看看中国机械发展的历史。谈到机械，若能先对省力装置有些认识会更好，所以下面介绍五大省力法宝，带领各位读者走入机械的世界。最后，我们再一起来了解中国古代机械组件和机构类型，像连杆机构、齿轮机构等，如果从来没听过这些名词也不要紧，读完本章你肯定能自诩为机械小达人了。

古机械回忆录

一、旧石器时代到新石器时代

无论是哪个民族，机械的发展都是从简单机械开始的。这个时期相当于中国历史上的原始社会时期，就是大家都坦诚相见或只在腰间围着兽皮走来走去的一段时间，大约是从四五十万年以前的旧石器时代至四五千年前的新石器时代。当时的人类除了已知用火之外，也会以生活中随手能取得的石块、木棒、蚌壳、兽骨等天然材料来敲敲打打或是修修磨磨，以简单的方式制作成简易的机械（图2-1-1）。反正时间挺多的，不需要赶几点的火车，也无须追晚上8点最新的宫廷剧，既没有商店批发，也不能上网订购，所以大伙只能自己动手做做看，可以想象当时最兴盛的应该会是手工业，举凡石刀或石斧这类的粗制工具，原始人都可以徒手做出来，他们用这些简单的工具作为省力或便于用力的工具，辅助无法直接用手完成的工作。然而，工欲善其事必先利其器，随着生活上的基本需要增加或逐渐发展出的社会生活需要，原始人开始觉得这些不够用了，所以渐渐发现了杠杆、尖劈、惯性、弹力、热胀冷缩等原理，可以变出越来越多的花样，人类开始制作出原始织机与制陶转轮等机械。虽然以现在的角度来看，这些仍然是很粗浅的机械构造，但在当时已经是相当大的进展。试着想想看原始人某天在巧合下做出类似杠杆的机械构造，心里想着，噢，天啊！这怎么那么省力！渐渐地，整个村落都开始研究杠杆机构或其他原理，再把这些跟每天必备的工作结合，于是各种有省力功能的机械出现了，使得原始人在农耕、渔猎、纺织技术，甚至是建筑方面得到加速发展，不仅改善了生活、节省了力气，同时也能够生产更多的东西，帮助人类有更多的时间关注生活的其他方面，使人类的文明逐渐萌芽。

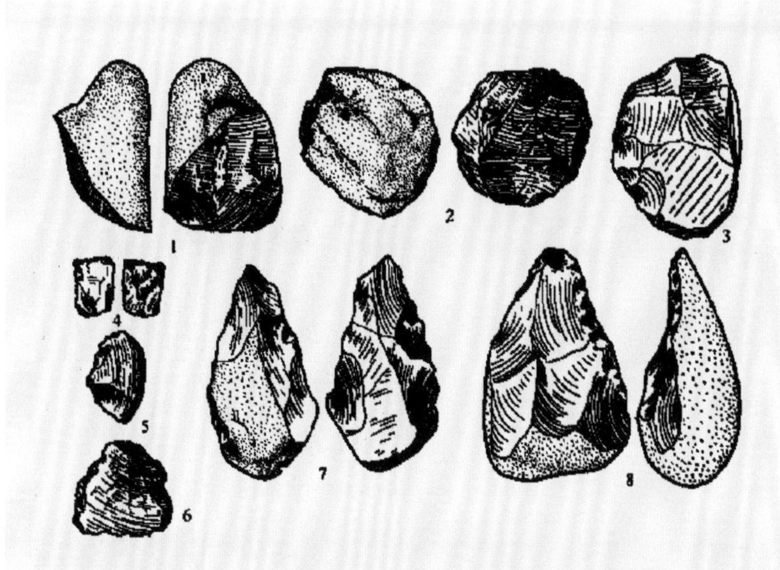

图 2-1-1

蓝田猿人所制作的石器 · 陕西蓝田出土

【《中国机械工程发明史》，第二编，第 3 页，图 1–1】

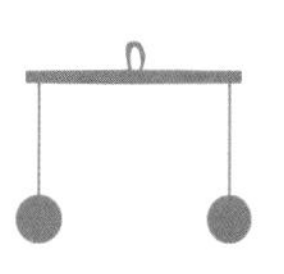

二、新石器时代到东周

时间继续往前推进，来到了四五千年前的新石器时代至两千五百多年前的春秋战国时期，机械技术又进步了许多，如图 2-1-2 所示，可以明显看出与旧石器时代出土文物的差别。随着需求增加，人类开始制作比较复杂的工具，除了木材之外，铜和铁也开始加入制作机械的材料行列，看看许多出土的青铜器就可以知道当时制作青铜的冶炼工艺已经达到一定的水平，有容器、乐器、兵器等多种形式的青铜器。青铜器好看又耐用，曾经盛极一时，后来渐渐被铁器所取代，在机械上的应用也不例外。这时期的机械已由辘轳、桔槔、滑轮、绞车、弓箭发展到车与兵器等较为复杂的机械，这些机械由更多零件及材料组成，所需要的材料和要求也更高。战国时期的《考工记》，总结了多种手工业的生产经验，反映了当时手工业的生产水平，记录着一个重要时期的辉煌成就。

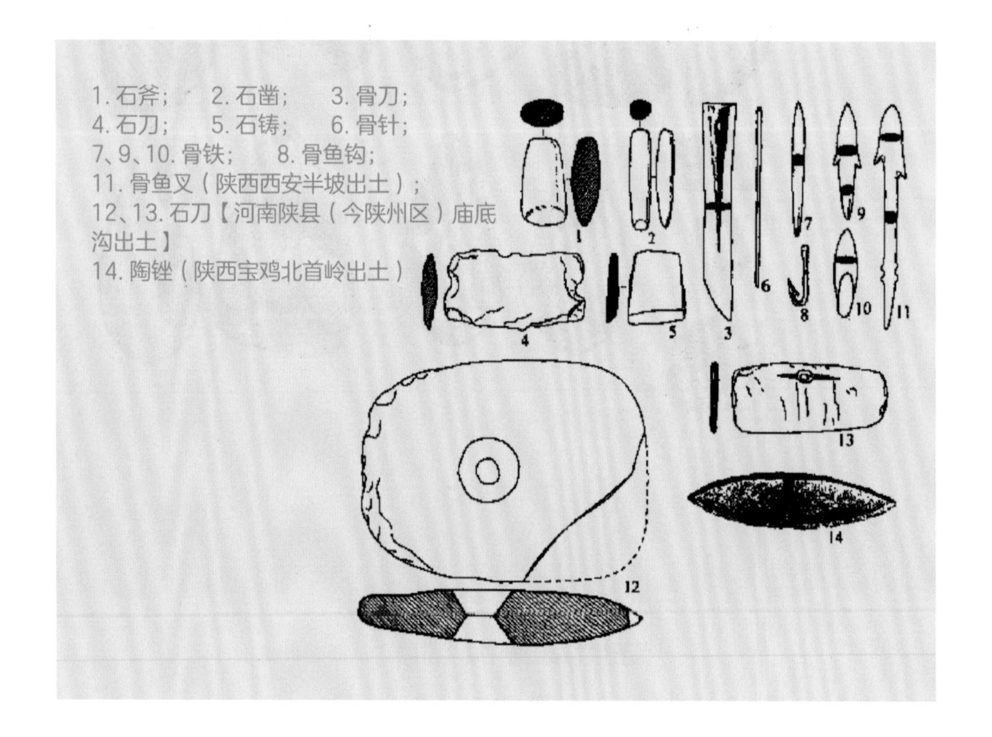

图 2-1-2

仰韶文化中的生产工具

【《中国机械工程发明史》，第二编，第 5 页，图 1–5】

三、东周到明朝

接着我们来到了中国的封建社会时期，大概是两千五百年前的战国初期直到明朝。前面提到青铜的技术逐渐被铁所取代，大约到了秦汉时期（公元前 221—公元 220），古中国的机械发展已趋于成熟，金属材料的冶炼、铸造及锻造水平都很高，尤其是冶铁技术发展迅速，使铁的应用更加广泛及普遍。由秦皇陵铜车马（图 1-2-7）可看出，当时的冷热加工技术已十分精湛高超。机械不再只是粗制工具，而是加入了连杆、杠杆、齿轮、绳索、皮带及链条传动，使得农具、纺织机械、车和船都有大幅的改善和发展。东汉出现的水排（水力鼓风设备）由水轮、绳带传动、连杆传动及鼓风器组成，具备近代机械所必需的原动机、传动机构及工作机三个基本构造装置。当然，人才是很重要的，不论在现今的社会或是古代都一样，这时期有一批杰出的科技人才，像张衡、马钧、祖冲之、燕肃、吴德仁、苏颂及郭守敬等人，利用自己的才智并结合劳动人民的智慧，创造出许多不朽的成就，为中国古代机械史写下了辉煌的一章。

从明朝至鸦片战争前的几百年间，在机械领域内，古代中国除了兵器与造船方面有较可观的进展之外，在其他方面就几乎没有重要的发明了。但有一点值得注意的是，17 世纪宋应星所著的《天工开物》（图 2-1-3），就好像一套百科全书，记录了中国古代长期以来的经验和发明，图文并茂，在中国科技史上有着很重要的地位及意义。

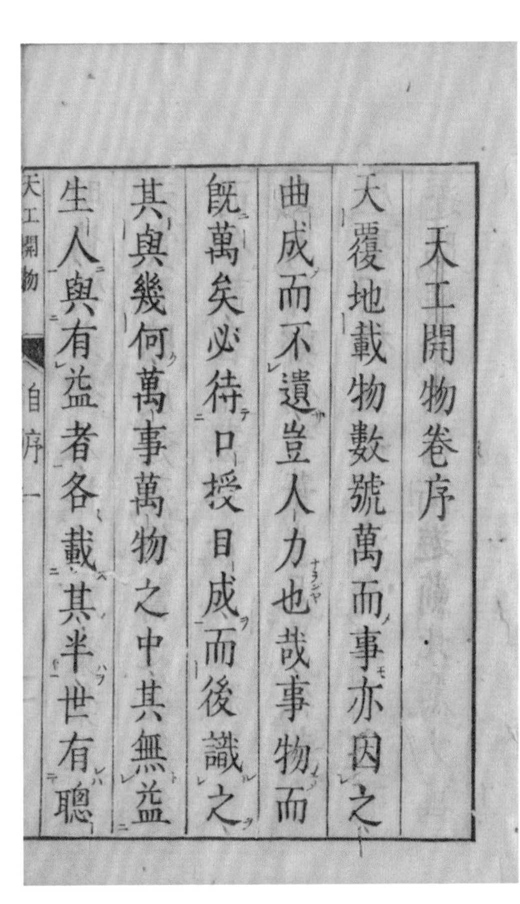
天工開物卷序

天覆地載物數號萬而事亦因之曲成而不遺豈人力也哉事物而旣萬矣必待口授目成而後識之其與幾何萬事萬物之中其無益生人與有益者各載其半世有聰

天工開物 自序 一

图 2-1-3

《天工开物》封面与自序

五大省力法宝

一、尖劈

相信大家都有见过剪刀、斧头的造型，它们都是利用尖劈的原理制成的工具。文献记载提到，中国最早使用尖劈原理的人是神农氏，他是把木头弄尖，用来松动土壤好耕作。尖劈最大的特点是具有省力的功能，除了剪刀、斧头外，还有铲子、凿子、刨刀、镰刀等都是利用尖劈原理制成的，墨家以“锥刺”来形容其省力的功能。汉朝王充说：“针锥所穿，无不畅达；使针锥末方，穿物无一分之深矣。”

利用尖劈原理制成的工具，从石制（图 2–2–1）、木制、骨制、牙制到金属制都有出土文物，可见尖劈原理在人类史发展过程中扮演着重要的角色，不仅是生产机械、生活用具或各类兵器上有尖劈原理的踪影，时至今日，我们常使用的刀具、剪器、钉子等也都是应用尖劈原理而制成的。

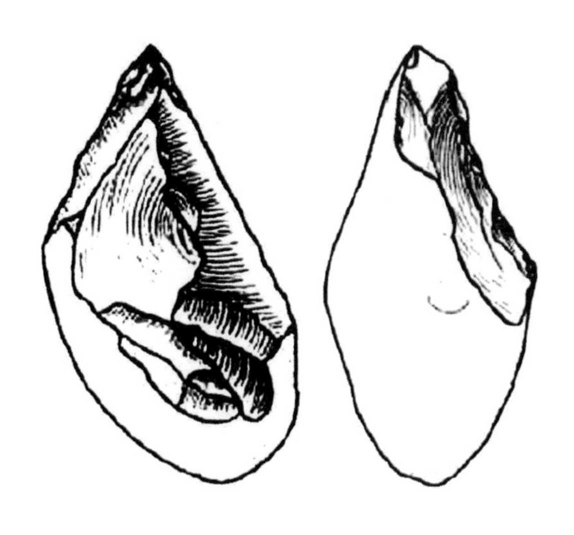

图 2-2-1

旧石器时代的砍伐器与尖状器

二、斜面

斜面，顾名思义为倾斜的平面，是一种省力原理的应用，主要用来传达运动或施以力量，一般认为，早在旧石器时代就已懂得利用斜面原理。墨家十分有实验的精神，为了验证斜面的作用，制造了一辆斜面引力重车，如图 2-2-2 所示。概念是这样子的：利用一大一小的车轮，装上平板自然形成一个斜面，在后轮也就是较大的轮轴上系上一条绳索，这条绳索通过斜板高端的滑轮，将绳子的另一端系在斜面的重物上，这么一来只要轻推车子前进，就可以将重物推到一定的高度。其实，斜面的原理在生活中处处可见，像是斜梯爬高、蜿蜒的山路、斜塔梯等皆是。

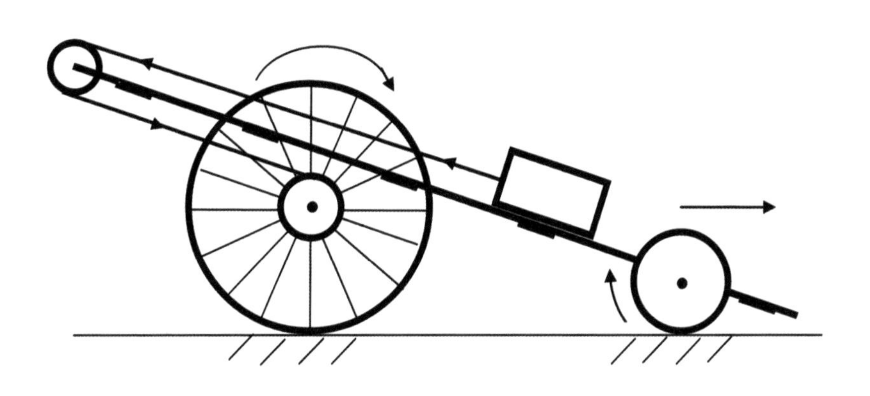

图 2-2-2

墨家的斜面引力重车概念

三、螺旋

螺旋是表面有凹凸呈螺旋纹的圆柱体，可以将旋转运动变为直线运动，借此放大作用力以达到省力的功能，是一种简单的省力机械。

《抱朴子·内篇卷十五》中记载了利用螺旋原理应用于一种名为飞车的飞行器上，近人王振铎曾加以考证复制，如图 2–2–3 所示。其他有关螺旋的发明与应用的明确记述，都是在 1600 年利玛窦(Matteo Ricci) 来到中国之后才出现的，当时随着西方科技文明的传入，影响了中国的机械发展。

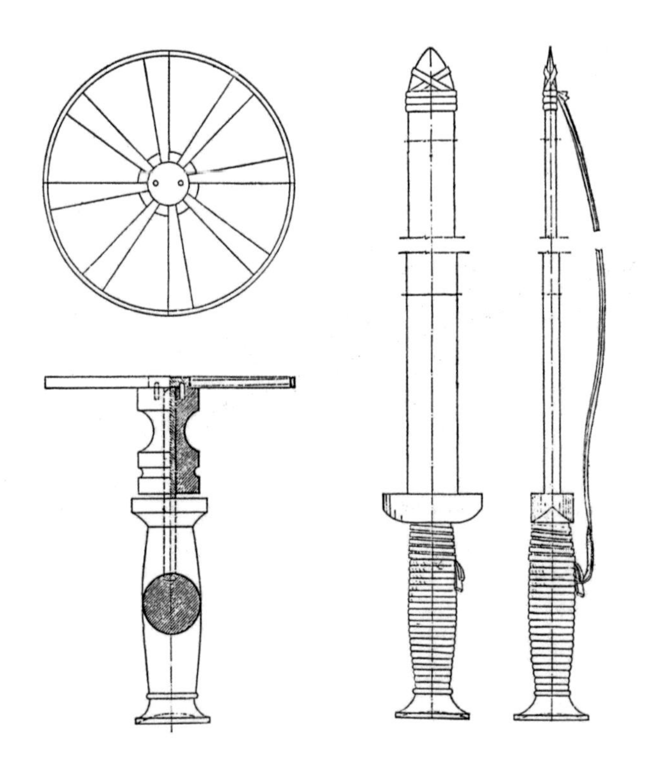

图 2-2-3

飞车的复原

螺旋应用范围颇为广泛，如早期用来打水的龙尾车（阿基米德螺旋 Archimedean Spiral），而现代的输送器械、产业机械、工具机、纺织机、天线等也都利用了螺旋的原理。

四、杠杆

阿基米德（Archimedes）曾说："给我一个支点，我就可以举起整个地球"，虽然有些吹嘘的成分，但阿基米德想表达的其实是杠杆的省力作用。在中国，《墨经》一书里最早说明了杠杆原理，可是比阿基米德提出杠杆原理还早了约二百年，《孟子》中也有提到"权然后知轻重"等。此外，中国甚至还发明了有两个支点的权衡，即俗称的铢秤，只要变动支点，不用更换秤，就可以称量较重的物体，目前考古发掘最早的秤，是战国时期在长沙附近左家公山上楚墓中的等臂木衡铜权，如图 2-2-4 所示。

日常生活中的开瓶器、秤、天平、羽毛球拍等都是杠杆原理的应用；而指甲剪、剪刀、老虎钳则是杠杆原理与尖劈原理的结合运用。

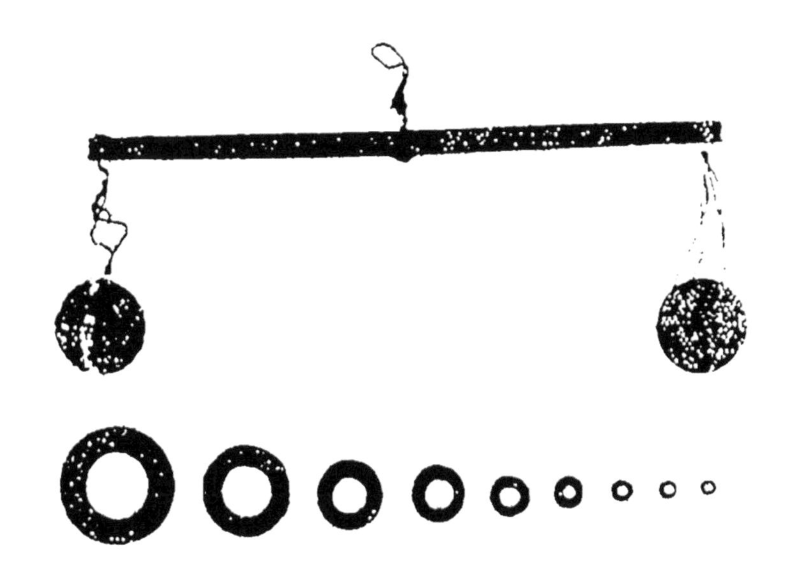

图 2-2-4

木衡铜权

五、滑轮

滑轮是可以绕着中心轴旋转的圆轮，《墨经》是中国最早讨论滑轮背后力学原理的典籍，称向上提举重物之力为“擎”，自由往下降落之力为“收”，整个滑轮装置为“绳制”。关于滑轮，书里是这样描述的：以绳举重，擎的力与收的力方向相反，但同时作用在一个共同点上。提擎重物要用力，收则不费力；若用绳制提重物，就可省力。在绳制一边，绳较长、物较重，物体就越来越往下降；在其另一边，绳较短，物较轻，物体就越来越被提举向上。如果绳子垂直，且两端的重物重量相等，则绳制就平衡不动。如果这时绳制不平衡，那么所提举的物体一定是在斜面上，而不是自由悬吊在空中。

战国时鲁班曾使用滑轮为季康子葬母下棺，亦曾使用滑轮为楚国制造云梯，作为攻打宋国的器械，可见滑轮的应用很早就存在于人们的生活当中，运用的范围也很广泛。

滑轮的另一种形式是辘轳，主要是用来打取井水的构造，如图2-2-5所示，又称为单辘轳，是用一根缠绕着绳索的短圆木放置在井边的支架上，绳索的一端固定在圆木上，另一端则悬吊着水桶，人们利用曲柄转动圆木就可以提水，背后的原理是因为曲柄旋转半径大于辘轳的半径，所以不用花费很多力气就可以提取重物。随着使用上的需求演变，单辘轳又有延伸发展的产品，像是双辘轳、绞车等，另外还有绞车滑车、复式滑车及轮轴等不同的形式，这些都是使用滑轮原理的装置。

▶

图 2-2-5

单辘轳 ·《天工开物》

轆轤

变化多多——连杆机构

连杆机构是由连杆组成，主要功能为运动形态与方向的转换、运动状态的对应、刚体位置的导引及运动路径的产生。

古中国使用连杆与连杆机构的历史久远，但在文献上与文物上均无法查得确切的年代。而且在古籍文献中，很少使用“连杆”一词，反倒常见“曲柄”“杠杆”或“滑件”，依现今的观点而言，这些都属于连杆的范畴。

由旧石器时代开始，古中国便有了连杆的应用，初始只是单纯的曲柄或杠杆，到后来互相连接成为连杆机构，整体发展可说是由简到繁，并应用在各种不同的机械，如农业机械、纺织机械、手工业机械、天文钟等。为了帮助人们提高工作效率或满足其生活所需，以下介绍几种连杆机构的应用实例。

一、桔槔

桔槔（Well-sweep）是利用杠杆原理制成的连杆机构，相传是公元前 1700 年左右，商朝宰相伊尹所发明，用以灌溉或扬水。

图 2-3-1 所示为《天工开物》中的桔槔，在井边的大树上或者在地上立个架子为机架，可当作支点，机架上有一根横杆，横杆的一端与一根连接杆相邻接，横杆的另一端绑住石头，连接杆另一端勾住水桶垂入井中。打水时，当人们把水桶放入水中打满水以后，由于横杆末端石头的重力作用，就可以轻松地把水提拉上来。桔槔早在春秋时期就已相当普遍，而且延续了几千年，是中国常用的提水器具，普遍用于农田灌溉或是井底吸水。

▶

图 2-3-1

桔槔 ·《天工开物》

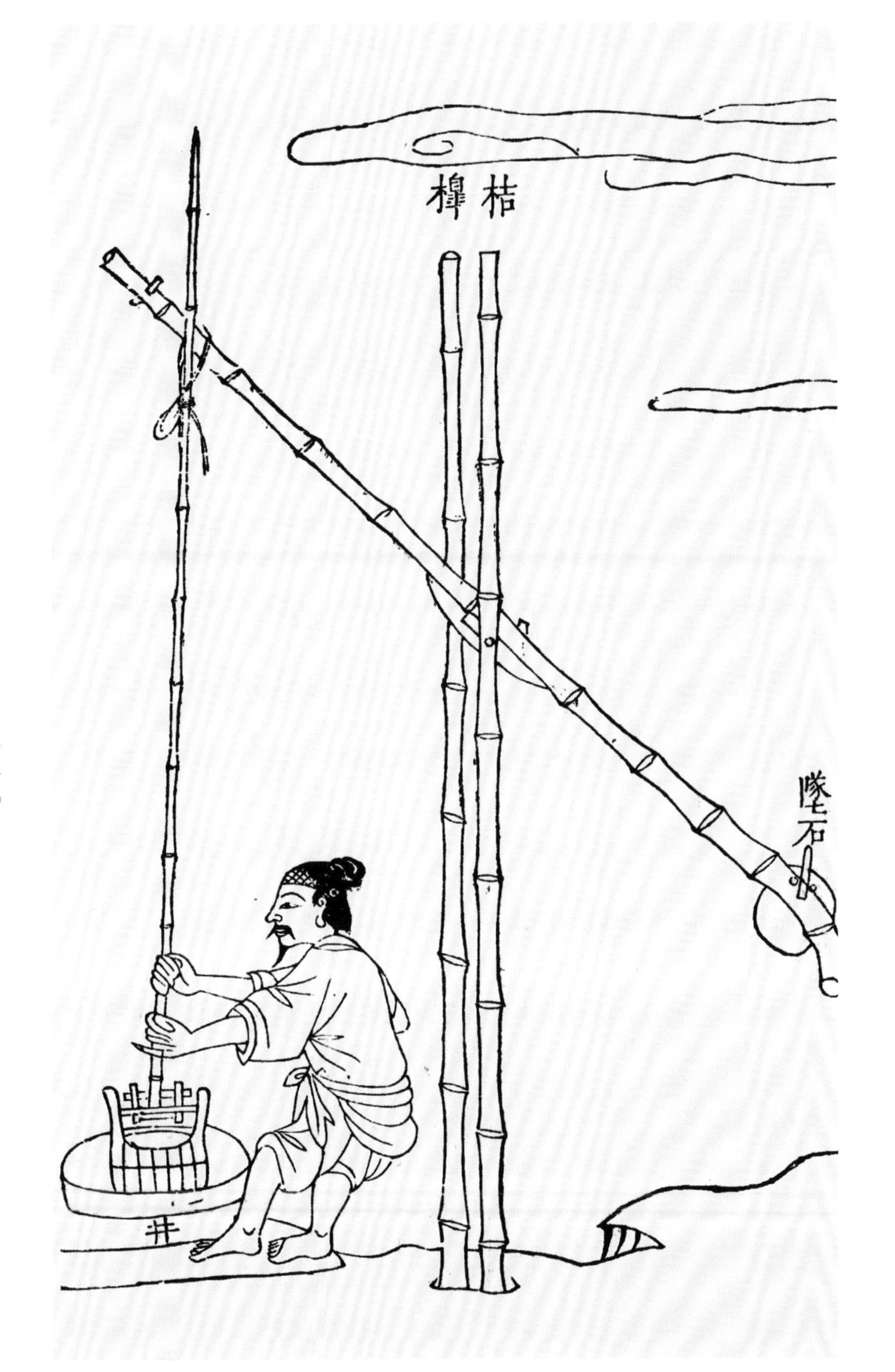
桔槔
墜石
井

有关桔槔最早的文献记载出现在《庄子》一书中。

1.《庄子·天运篇十四》

颜渊问师金曰：子独不见桔槔者？乎引之则俯，舍之则仰。

2.《庄子·外篇·天地第十二》

子贡南游于楚，反于晋。过汉阴，见一丈人，方将为圃畦。凿隧而入井，抱瓮而出灌。搰搰然用力甚多而见功寡。子贡曰，有械于此，一日浸百畦，用力甚寡而见功多，夫子不欲乎？为圃者仰而视之曰：奈何？曰：凿木为机，后重前轻，挈水若抽，数如泆汤，其名为槔。为圃者忿然作色而笑曰：吾闻之吾师，有机械者必有机事，有机事者必有机心。机存于胸中，则纯白不备；纯白不备，则神生不定，神生不定者，道之所不载也。吾非不知，羞而不为也。

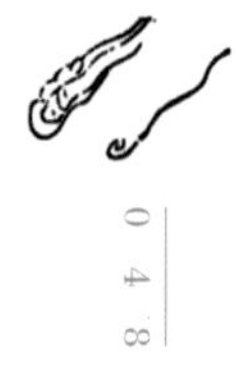

图 2-3-2

《庄子》记载桔槔使用的故事·《钦定古今图书集成》·经济汇编

说明 这个故事是说孔子和学生子贡出游，见到一位老人用瓦罐从井里打水浇菜。子贡对老人说："有一种机械叫作'桔槔'，用力少而功效高，一天可以浇一百亩田。"老人却说："我也知道用桔槔打水浇田比较快，但我认为借助某种用力少而功效高的机械，会助长人们投机取巧之心，所以我宁愿用传统的笨方法。"好心的子贡被老人数落了一顿，心中非常苦闷不愉快，后来孔子还安慰子贡说这老人只知其一不知其二，心态上不是很正确。经过孔子的开导，这才让子贡的心情好起来。这段史料是古代有关机械的最早定义，也是在科技的发展过程中，保守派的人批评与反对创新发明者的典型事件，是非常重要的文献记载（图 2-3-2）。

桔槔部紀事

莊子天地篇子貢南遊於楚反於晉過漢陰見一丈人方將爲圃畦鑿隧而入井抱甕而出灌搰搰然用力甚多而見功寡子貢曰有械於此一日浸百畦用力甚寡而見功多夫子不欲乎爲圃者卬而視之曰奈何曰鑿木爲機後重前輕挈水若抽數如泆湯其名爲槔爲圃者忿然作色而笑曰吾聞之吾師有機械者必有機事有機事者必有機心機心存於胷中則純白不備純白不備則神生不定神生不定者道之所不載也吾非不知羞而不爲也

晉書周訪傳訪爲振武將軍尋陽太守加鼓吹曲蓋復命訪與諸軍共征杜弢弢作桔槔打官軍船艦訪作長岐棖以距之桔槔不得爲害

二、脚踏纺车

若要说古中国有关连杆最精巧的应用，那肯定是纺织机械了。脚踏纺车是在手摇纺车的基础上发展出来的曲柄连杆机构，如图 2–3–3 所示。以脚踏带动大绳轮，取代手摇驱动方式，空出双手可使纺纱更有效率并提升纱线质量。脚踏连杆纺车出现在各种纺织类专书且有许多不同的名称，包含木棉线架、小纺车、木棉纺车等，其功能是将一根或数根蚕丝、棉线或麻缕纤维，透过捻揉合股成线，并将纺成的纱线卷绕收集于锭子上。纺纱者踩动踏杆带动大绳轮，透过大绳轮上的绳线，同时带动两个锭子旋转，使得四条单股纱线经由纺纱者的捻合，变成双股纱线卷绕在锭子上（图 2–3–4）。

图 2-3-3

脚踏纺车 3D 计算机图

图 2-3-4

脚踏纺车·《天工开物》

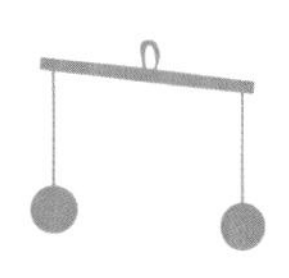

三、水排

《农书》中的卧轮式水排是古中国使用的一种鼓风冶金装置，以水力驱动，借由连杆机构的传动，使输出的木扇产生鼓风效果，如图2–3–5（a）所示。水排的构造与运作情形如下：架设立轴，并于立轴上下各套一个卧轮；下轮半浸于水中，且上、下两轮均固定于轴上。上轮周围缚有环状的粗绳（弦索），绳索亦环过位于上轮前的旋鼓，鼓上伸出一短杆为棹枝。又以一长杆（行桄）穿过棹枝，并与卧轴的左攀耳连接；卧轴的右攀耳则连接另一长杆（直木），再连接鼓风炉箱体上的木扇。当流水转动下轮，则借由立轴的传动，上轮随之旋转，再以弦索传动旋鼓与棹枝；透过行桄与左攀耳，使卧轴产生往复摆动，

(a)

最后带动与卧轴右攀耳相接的直木，使得木扇亦做往复的摆动，达到鼓风进入箱体的目的。

《农书》的卧轮式水排图画中有许多不合理或不清楚的地方，例如旋鼓上的弦索太粗、棹枝位置错误、行桄两端接头不明确及直木穿过另一攀耳，古图的机械构造表达不清楚，无法被确切地理解，这也是古机械研究常会遇到的困难之一。透过研究，著者提出复原修正的水排机械构造，如图 2-3-5（b）所示。

图 2-3-5

卧轮式水排原图及其修正图 · 陈羽薰 绘

宗親九族無所遺餘明年卒時年八十六帝親臨弔賜冢塋地

杜詩字公君河内汲人也少有才能仕郡功曹有公平稱更始時辟大司馬府建武元年歲中三遷爲侍御史安集洛陽時將軍蕭廣放縱兵士暴橫民閒百姓惶擾詩勑曉不改遂格殺廣還以狀聞世祖召見賜以棨戟（漢雜事曰漢制假棨戟以代斧鉞崔豹古今注曰棨戟前驅之器也以木爲之後代刻僞無復典刑以赤油韜之亦謂之油戟亦曰棨戟王公已下通用之以前驅也）復使之河東誅降逆賊楊異等詩到大陽（大陽縣名屬河東郡）聞賊規欲北度乃與長史急焚其船部勒郡兵將突騎趁擊斬異等賊遂翦滅拜成皋令（成皋縣屬河南郡今洛州汜水縣是）視事三歲舉政尤異再遷爲沛郡都尉轉汝南都尉所在稱治七年遷南陽太守性節儉而政治清平以誅暴立威善於計略省愛民役造作水排鑄爲農器（排音蒲拜反冶鑄者爲排以吹炭今激水以鼓之也排當作橐古字通用也）用力少見功多百姓便之又修治

◀

图 2-3-6

杜诗发明水排的古文记载·《后汉书·杜诗传》

说明 古籍文献记载最早发明水排的是东汉时期的杜诗（?—38年，字君公，河南省卫辉市人，东汉官员，水利学家）。杜诗是一位勤政爱民的好官员，看到当时从事冶铸的百姓是用手拉风箱吹旺炭火，这种方式效率低而且很辛苦，所以就教他们使用急流水作为动力源的水力风箱来制造农具，以减轻百姓的负担（图2-3-6）。这样的方式效果很好，因此被广泛地推行使用。水排已具备现代机器的三大基本组成，包含原动机、传动机构及工作机。

四、界尺

界尺（图 2–3–7）是古中国传统作画工具，用来绘制平行线，由等长的上、下两尺及两条左右等长的铜杆铰接而成，下尺方向确定后，改变铜杆与直尺所夹的角度，上尺便能形成与下尺平行的直线，供作画者画出平行线。

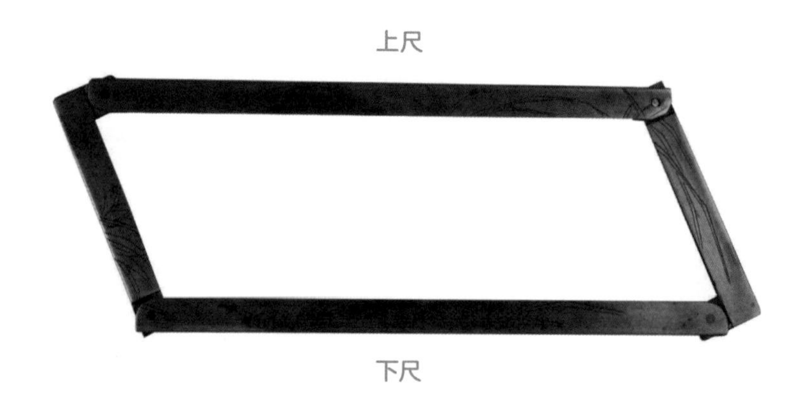

图 2-3-7

界尺

简单的凸轮机构由凸轮、从动件和机架三部分所组成。凸轮是一种不规则的机件，一般为等转速的输入件，经由直接接触传递运动到从动件，使从动件产生预定的运动。图 2-4-1 为一种简单的凸轮机构。

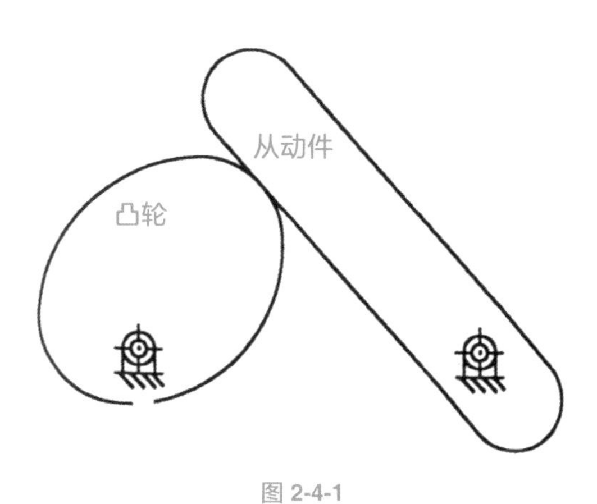

图 2-4-1

简单凸轮机构

一、弩机

凸轮机构在中国的应用相当早，大约在公元前 200 年，中国的弩（十字弓）结合凸轮机构与挠性传动机构，发展出应用弹力发射利箭，进而攻击远距离目标的军用武器。机架上装设的弩机就是一种凸轮机构，是弩的核心装置，用于钩住拉紧的弓弦，使得射手可以稳定地瞄准目标，射箭的准确度因此大为提升，并且加大了射箭的距离。弩机的组成主要包含郭（匣）、悬刀（输入杆）、牛（触发杆）及望山（连接杆），大多以青铜制作，各个零件尺寸精确且具有交换性，如图 2-4-2、图 2-4-3 所示。

图 2-4-2

铜弩机及弩 3D 计算机透视图

二、水碓

不仅如此，凸轮还常使用在水力舂米的水碓上，如图 2-4-3 所示为《天工开物》中的水碓，此设计为典型的简单凸轮机构，有三根机件与三个接头，那么这是怎么运作的呢？简单来说，就是以水流带动水轮转动，并经由与水轮为一体之长轴上的拨板，起凸轮作用，带动输出的碓击杆做功，产生了打击谷物的效果。另外，像是《宋史》提到记里鼓车的击鼓击镯与击钲也是一种凸轮机构；唐朝（公元 618—公元 907）一行和尚与梁令瓒的水利天文仪器中的报时木人、水运仪象台中的“拨牙”机件、五轮沙漏自动击鼓击钟装置等，都运用了凸轮机构的原理。

记里鼓车

发明于东汉，运用齿轮系统减速传动原理，每行驶500米，车上的木人就会自动击鼓一次，可视为近代里程表和减速装置的先驱。

图 2-4-3

水碓 · 《天工开物》

無敵於天下以至仁伐至不仁何其血之流杵也
呂氏春秋曰伊尹母夢神告之曰出水而東走
賈誼書曰黃帝行道炎帝不聽故戰涿鹿之野血流漂杵
淮南子曰解門以爲薪塞井以爲臼雖用小而所費大矣
桓譚新論曰伏羲制杵臼之利後世加巧因借身以踐碓
而利十倍
又曰復設機關用驢嬴牛馬及役水而舂其利百倍
論衡曰舂者以杵擣臼杵臼鼓動地動地蹈池水河水震
蕩夫臼杵木也水與木土三者殊類而相應首相叩動其
勢然也
風俗通曰秦留燕太子丹天爲雨粟廚中杵生肉足不然
也
世本曰雍父曰作舂杵臼 宋忠云雍父黃帝臣也
平七百六十二 五
湘州記曰耒陽縣有蔡倫宅宅西有一石臼云是倫舂紙
臼
荊州記曰長沙醴泉縣有山石空中有石林林頭有臼
容五升父老相傳昔有仙人以此合金丹
衡山記曰桂芬巖上鑿石作臼有鐵杵倚置巖畔石臼邊
有兩人腳跡
名山記曰羅浮山有道士賚鐵臼杵欲合丹未成而仙化
世說曰魏武帝讀曹娥碑云外孫虀臼楊修曰虀臼受辛
受辛辤字
幽明錄曰劉松在家忽見一鬼杖銅斫之鬼走松起逐見
鬼在高山巖室上臥仍往逼突群鬼爭走遺置藥杵臼及
所餘藥因將還家松為人合藥時臨熟取一經此臼者無
不効驗

图 2-4-4

《新论》中关于桓谭发明水碓的记载

说明 水碓是中国古籍文献记载常见的水力驱动机械装置，桓谭（公元前 23—公元 56，字君山，安徽省濉溪县人），是西汉晚期至东汉前期学者。在他的著作《新论》中已经提到将踏碓改用水力使效益增加百倍。三国时代的杜预（公元 222—公元 285，字符凯，陕西西安东南人）是西晋时期著名的政治家和学者。杜预将水碓做了一些改进，更加拓宽了水碓的使用范围。各种古籍所绘的水碓大都是四个碓头，但《天工开物》也提到碓头的数量多寡不一，主要根据水量大小而定，“水少”则“二三臼”，“水洪”则“十臼无忧也”，这也充分展现了古人务实的精神，根据实际的条件因素，调整设备装置以发挥最高的效能（图 2-4-3、图 2-4-4）。

连续啮合——齿轮机构

齿轮顾名思义是长得像牙齿状的机械零件，两个齿轮成双运转，借由连续啮合的轮齿直接接触来达到等转速比的传递。齿轮系由两个以上的齿轮适当组合，用以将一轴上的运动与动力传递至另一轴。虽然有不少类似金属齿轮的古物出土，但是古籍上却没有记载称为“齿轮”的出现或发明，而是以“机轮”“轮合几齿”“牙轮”等来称呼齿轮。直到清朝（公元 1644—公元 1911），中国的机械制造受了西方影响，才开始有齿轮的相关记载。此外，中国古代的齿轮机构可依其功能，分为传递运动与传递动力两类。

1. 传递运动齿轮机构

主要运用于指南车、记里鼓车、天文与计时仪中，但很可惜的是，这类应用既没有流传下来也没有实际出土的文物。

2. 传递动力齿轮机构

其目的在于将原动机所产生的动力（人力、畜力、风力、水力），经由齿轮传递，改变转速或方向以达到做功的目的，常见于农田水力机械上。这类齿轮机构的特点是不需考虑传动机构的精度与转速，只要能转换最后所需的动力做功就可以了，也就是说，不在意转速的快慢，只要实际上能够顺利运转即可，类似现今的销齿轮构造。下面来认识几种动力传递齿轮机构的应用。

一、连磨

连磨是由牛带动力轴上长着巨齿的大齿轮转动，透过这些巨齿的转动，同时可以带动位于同一平面八个磨上的小齿轮转动，使用连磨成本很低，只需要一头牛拉动就可以了，所以效率自然很高。如图2-5-1所示为晋朝（公元265—公元420）开始出现的连磨。

图 2-5-1

连磨

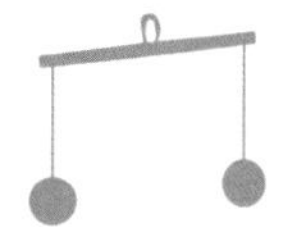

二、水磨

水磨是用水力驱动立式水轮，经由齿轮系统改变动力方向，以带动两个垂直旋转的输出磨。如图 2-5-2 所示为南北朝（公元 420—公元 589）已广泛应用的水磨。

图 2-5-2

水磨 · 王祯《农书》

三、水砻、畜力砻

图 2–5–3（a）所示为水砻，这是一种以水力驱动立式水轮，经由齿轮机构产生水平方向的旋转输出；图 2–5–3（b）所示是畜力砻，透过畜力驱动卧轮，经由简单齿轮产生相同方向的旋转输出。

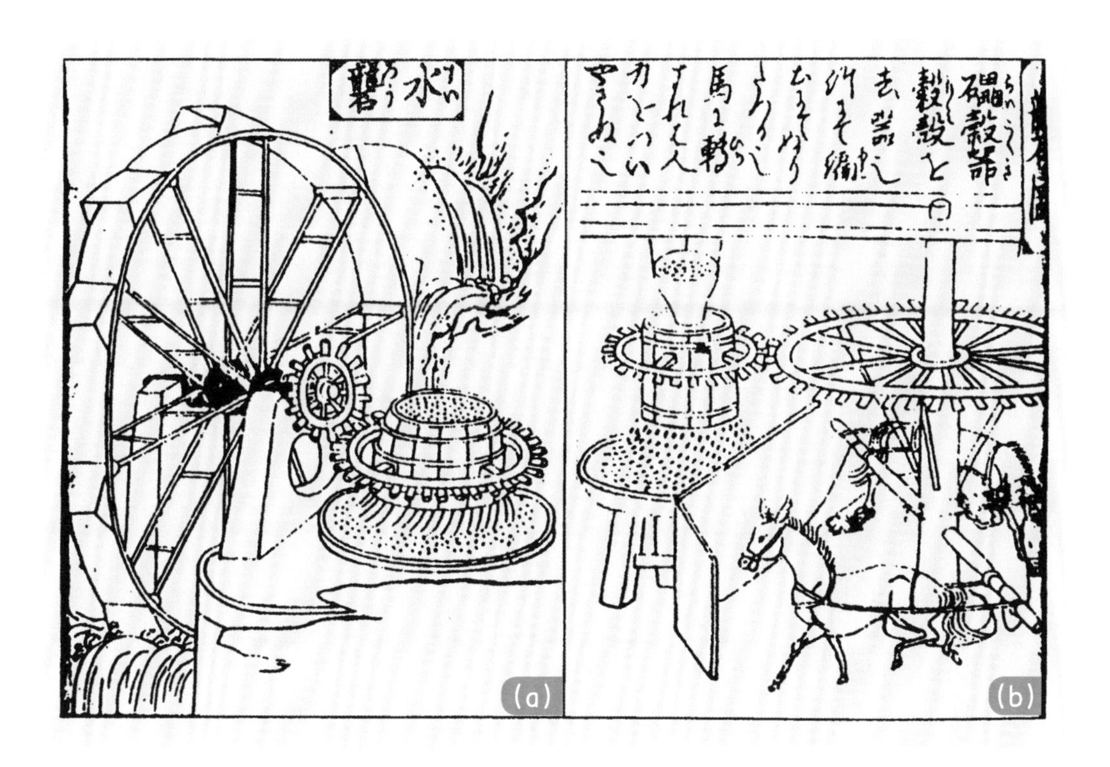

图 2-5-3

水砻与畜力砻

(a) 水砻；(b) 畜力砻

说明 此图取自本书参考文献 [24]，原图出自《唐土训蒙图汇》。

四、牛转翻车

《王祯农书》对于应用齿轮机构传递动力的牛转翻车与水转翻车，都有很详细的介绍。牛转翻车运作上主要是以牛带动卧式大齿轮，经由与其相邻接的立式小齿轮，产生水平轴向的旋转输出，进而驱动翻车。如图 2-5-4 所示。

图 2-5-4

牛转翻车 · 王祯《王祯农书》

唧唧复唧唧，木兰当户织——绳索传动

当主动轴与从动轴之间的距离过远的时候，可以使用挠性连接件，像是皮带、绳索、链条等连接传动，这种借由挠性连接件的张力，用以起重或传输两轴间运动或动力的装置，称为挠性传动机构，如图 2-6-1 所示。

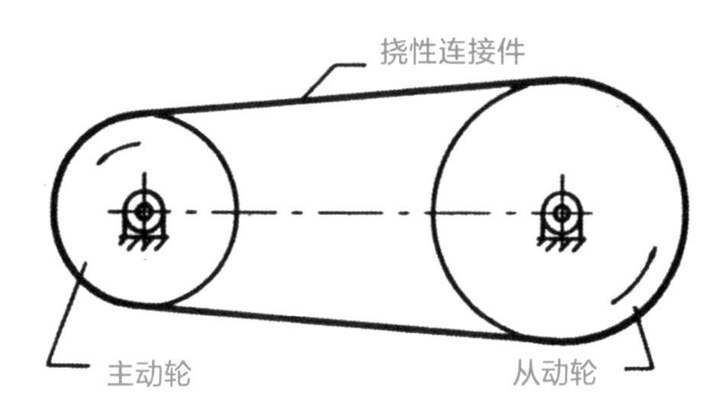

图 2-6-1

挠性传动机构

绳索的质地较皮带柔软，可以承受相当大的拉力，而且容易制造，所以中国不同朝代都有许多绳索传动的挠性连接机构，约在公元前 13 世纪的商朝，具传动功能的绳索已应用在汲水的辘轳、农业机械及纺织机械上。最具有实验精神的墨家，也在《墨经》中探讨了绳带的结构与应力关系。以下简单介绍几种挠性连接机构的应用。

一、纺车

中国古代的纺织技术与绳索在机械传动上的演进息息相关，原始纺织技术在新石器时代晚期已十分普及，是由编结工艺发展来的。绳带传动常见于古代的纺织机械，最初的纺车为单锭，以手转动，主要机件包括曲柄、绳轮、绳带和锭子。图 2–6–2 所示为汉朝（公元前 206—公元 220）墓壁画上的纺车图形，其中一个是手摇单锭纺车，是经由曲柄转动绳轮、带动绳带与锭杆轴，使锭子高速转动达到纺线的目的。单锭纺车发展到后来变成大纺车，一次可进行数十个锭子的纺线工作，大大提升了工作效率，如图 2–6–3 所示。

图 2-6-2

纺车图形 · 汉墓壁画

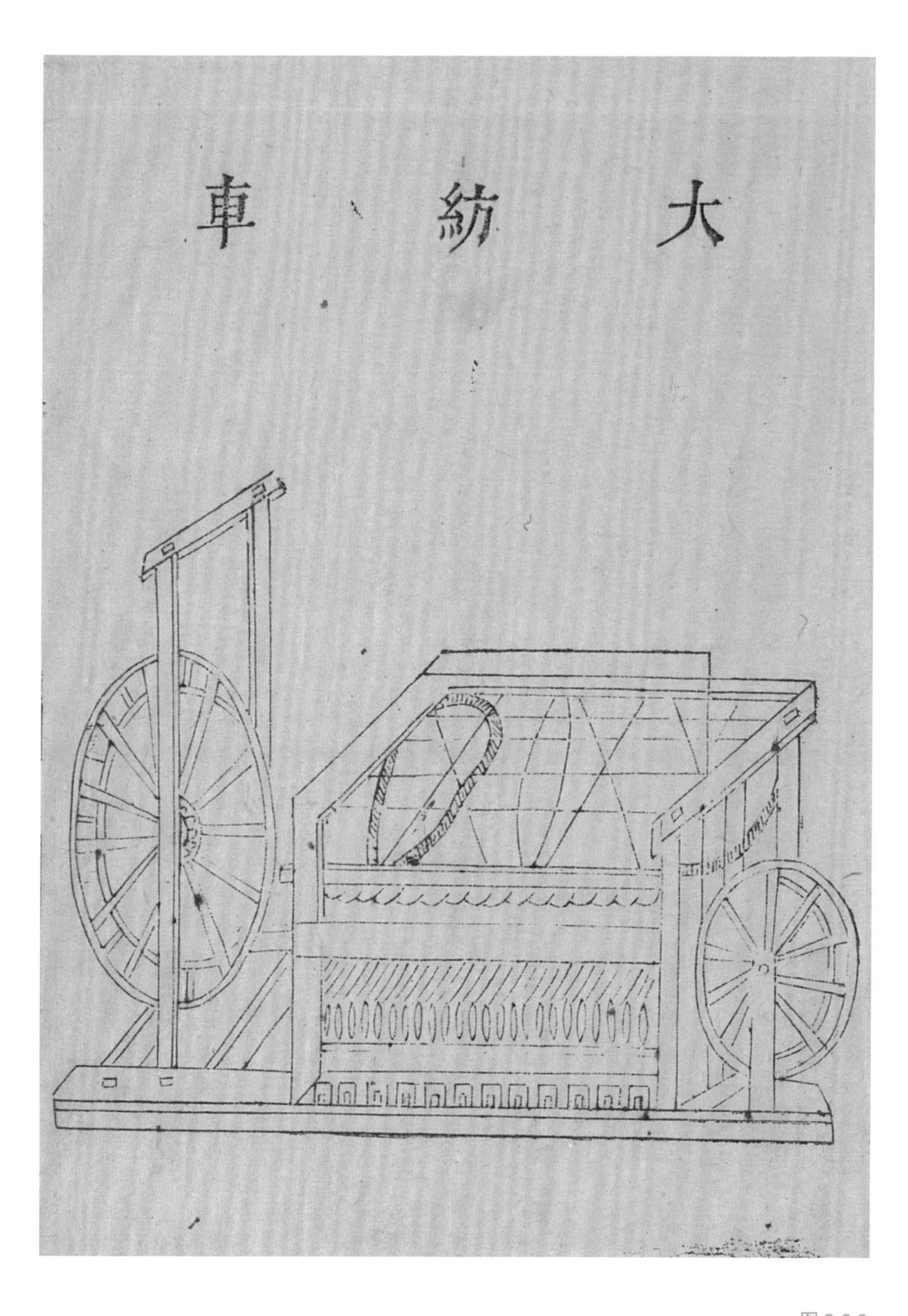

图 2-6-3

大纺车 · 《三才图会》

二、脚踏缫车

根据出土文物推测，脚踏缫车在汉代已经出现，它的本体包含了连杆机构与绳带传动装置，是在手摇缫车的技术基础上，改良发明的纺织机械，脚踏缫车只需要一个人就可以操作，而且因为手脚并用的关系，效率自然也就提高许多。图 2-6-4 为《天工开物》中的脚踏缫车及其计算机 3D 绘图。

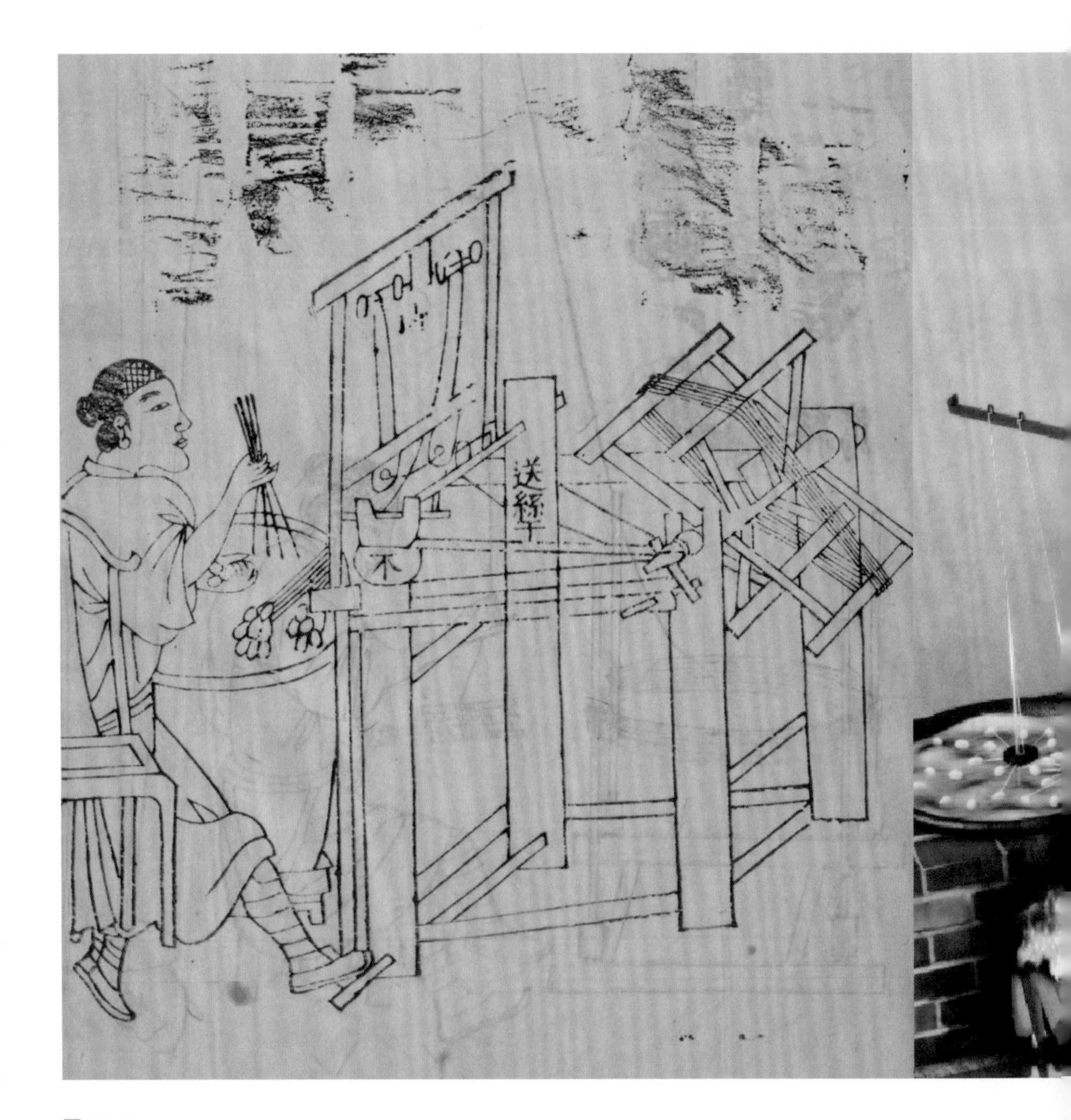

图 2-6-4

脚踏缫车及其计算机 3D 绘图

三、牛转绳轮凿井

明朝（公元 1368—公元 1644）四川井盐的开采设备中，使用了绳带牵引与传动的方式，如图 2-6-5 所示。图中左下方为凿井处，井上设一架子，架上有一滑轮，地上另设一小转轮，用于改变绳索的传动方向。绳索一端装上凿井的器具，另一端则转绕大绳轮。透过牛转动大绳轮，带动绳索拉高凿井器具后，借由重力自由落下，加大凿井的力度。

图 2-6-5

牛转绳轮凿井·清代·丁宝桢《四川盐法志　井盐图说》

曰水旱從人不知饑饉沃野千里世號陸海謂之天府也俗謂之都安之堰亦曰湔堰又謂金隄左思蜀都賦云西踰金隄者也諸葛亮北征以此堰農大國之所資以征丁千二百人主護之有堰官益州刺史皇甫晏至都安屯觀坂從事何旅曰今所安營地名觀上夫在下其徵不祥不從果爲牙門張和所殺江水又逕臨邛縣王莽之監邛也縣有火井鹽水昏夜之時光興上照江水又逕江鄉縣王莽更名邛原也鄀江水出焉江水又東北逕郫縣下縣民有姚精者爲叛夷所殺掠其二女二

◀

图 2-6-6

有关火井与盐水的记载·《水经注》

说明 著名的汉学家李约瑟（公元 1900—公元 1995）博士在他的巨著《中国科学技术史》（*Science and Civilization in China*）中，以英文字母 A 到 Z 列举中国古代传到欧洲且影响深远的 26 种发明，深钻技术就是其中一项。李博士提到现有勘探油田所用的钻探与凿洞的技术，肯定是中国人发明的，而这种技术之后传到了西方国家。因为远在秦汉时期，四川地区在开发井盐的过程中，发展出探钻与开凿深井的技术和设备，而这样的技术也一直流传与精进（图 2-6-6）。

四、绳带传动磨床

加工玉石的传统磨床，都是利用绳索或皮带传递动力与运动，通常是把磨石轮装在一个横轴上，两端装在轴承里面，在磨石轮的两边，分别把一条绳索或皮条的上端钉在轴上，并按相反方向分别绕轴几圈，绳索的下端分别装在两个踏板上面，当人们交替踩踏脚踏板时，会带动磨石轮往返转动，就能顺利研磨玉石。图 2-6-7 所示为《天工开物》中的绳带传动磨床。

图 2-6-7

绳带传动磨床 · 《天工开物》

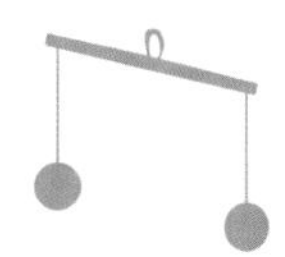

递送小帮手——链条传动

链条是既坚硬又能挠曲的一种传动机件，传动时须与链轮配合，两者组合起来称作链条传动。链条传动根据使用的场合不同，会有不同的设计与形状，通常可分为起重链、运送链和传力链三种。起重链用来吊重或曳引，西方国家用得较多；运送链是借由链条的运动，运送附挂或置放在链条上的物品，如东汉的翻车与唐朝的高转筒车；传力链是用在较高转速下传输较大动力的地方，例如北宋的水运仪象台中的天梯。关于水运仪象台，在后面的章节会有详细的介绍。

中国古代机械中，有许多具有传递运动与动力之链条设计，且大多应用在灌溉与提水机械中，以下介绍中国古代链条传动的历史发展和应用实例。

一、翻车

翻车是具有运送链性质的机械，它使连续的提水成为可能，加上操作和迁移都很方便，所以成为古代长期以来普遍采用而且效果很好的灌溉或扬水机械，依照动力来源的不同，可以细分为人力、畜力、风力和水力四种类型，都是由上下两个链轮与运送链条作为主要组件（图2-7-2）。翻车的木链条称为龙骨，其主要的零件在《农政全书》中称作鹤膝，将鹤膝用木销连接就成为链条。翻车又称为龙骨车、水龙，根据文献记载，翻车的发明年代早于东汉，《农政全书》和《天工开物》等书中均有翻车的记述。其中人力翻车因操作方式不同，可分为手摇式的拔车及脚踏式的踏车两种，图2-7-1即为脚踏式的踏车。另外，因为风力翻车的效率取决于风力的大小，所以较常用于排水中，反而较少使用于灌溉方面。

图 2-7-1

脚踏式踏车 · 《天工开物》

登永安侯臺（永安宮也）宦官恐其望見居處乃使中大人尚但諫曰（尚姓但名）天子不當登高登高則百姓虛散自是不敢復升臺榭（春秋潛潭巴曰天子無高臺榭高臺榭則下畔之蓋因此以誑帝也）明年遂使鉤盾令宋典繕修南宮玉堂又使掖庭令畢嵐鑄銅人四列於倉龍玄武闕（倉龍東闕玄武北闕）又鑄四鐘皆受二千斛縣於玉堂及雲臺殿前又鑄天祿蝦蟇吐水於平門外橋東轉水入宮又作翻車渴烏（翻車設機車以引水渴烏為曲筒以氣引水上也）

施於橋西用灑南北郊路以省百姓灑道之費又鑄四出文錢錢皆四道識者竊言侈虐已甚刑象兆見此錢成必四道而去及京師大亂錢果流布四海復以忠為車騎將軍百餘日罷六年帝崩中軍校尉袁紹說大將軍何進令誅中官以悅天下謀泄讓忠等因進入省遂共殺進而紹勒兵斬忠捕宦官無少長悉斬之讓等數十人劫質天子走河上追急讓等悲哭辭曰臣

图 2-7-2

有关翻车的记载 · 《后汉书》

说明 《后汉书》具体记载东汉宦官张让（？—189 年）要求毕岚（？—189 年）建造翻车，用于洒水灌溉。翻车可以连续提水，具有较高的效率，自东汉以来，一直是中国应用最广泛、效果最好，也是影响最大的灌溉机械，在南方水田地区及雨水较多的地区，尤其重要。由于长时间且广泛地在许多地区使用，有许多不同名称，动力源的方式也有了不同的设计。

二、井车

井车是一种从井中提水的装置，又称木斗水车，根据史书记载推断，在唐朝初期就已经有相关的应用，图 2–7–3 所示为井车的设计构造。那么它是怎么运作的呢？很简单，它就是使用一连串的木斗，组合成一个可以活动的大链条，套在井边的立轮上，立轮和另一个水平齿轮相邻连接，以畜力驱动水平齿轮，立轮就会随着转动，使木斗能够连续上升提水，注入大轮旁的容器中，流入田里，达到灌溉的目的。

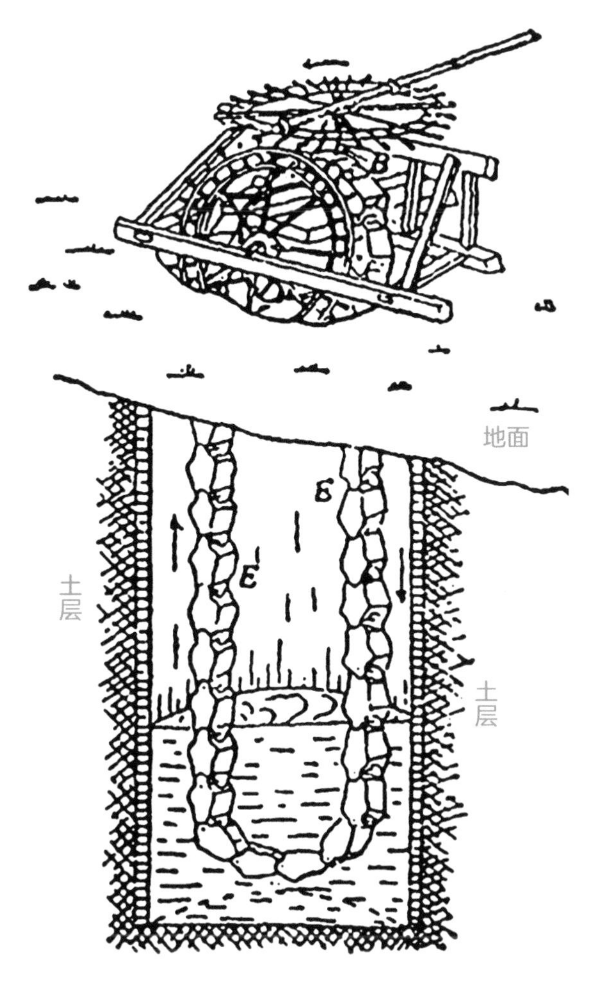

图 2-7-3

井车

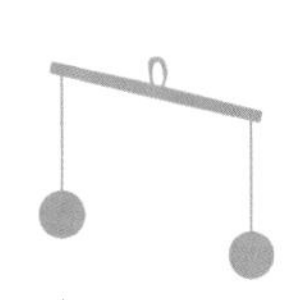

三、高转筒车

高转筒车跟井车一样，都是具有搬运链性质的装置，王祯的《农书》中记载了高转筒车的构造，其高以十丈为准，上下架木，各竖一轮，下轮半在水内，根据动力来源的不同，又可分为人力、畜力和水力三种驱动方式，图 2-7-4 所示为水力驱动的高转筒车。

图 2-7-4

水力驱动的高转筒车·《王祯农书》

四、天梯

天梯也是一种用来传递动力与运动的铁制链条，是典型的链条传动装置，北宋元祐（公元 1086—公元 1094），苏颂与韩公廉所研制的天文钟塔内，因其直立型的主轴长，所以改用链条传动来提供天文钟所需的动力，当时称之为“天梯”。

图 2-7-5 所示为《新仪象法要》中的天梯。在这个装置中，主动轴的转动经由天梯与两个小链轮传递到上面的横轴上，再经过三个齿轮带动浑仪的天运环，使三辰仪随之转动。后面的章节会对水运仪象台有详细的介绍。

小秘方

三辰仪

浑仪共有三重环组，三辰仪是其中之一，由赤道环、黄道环和白道环组成，古代把日、月、星称为三辰，故得其名。三重环组由内而外分别为四游仪、三辰仪、六合仪。

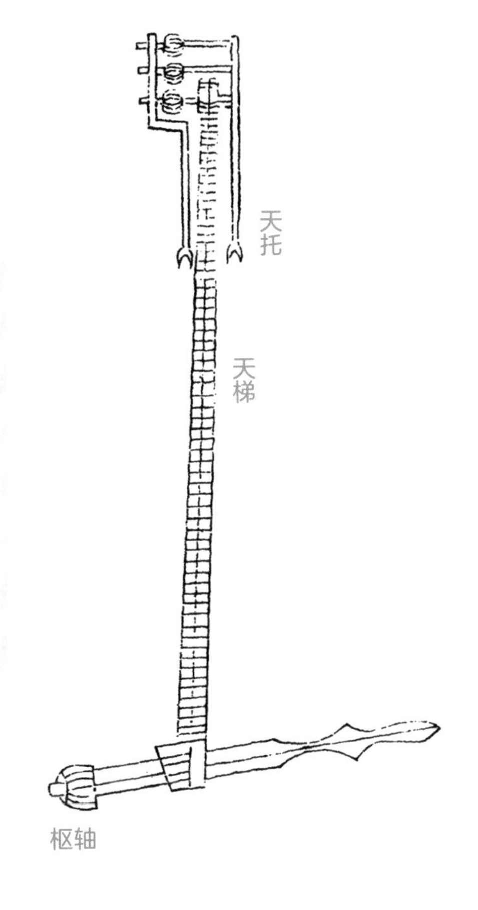

图 2-7-5

天梯·《新仪象法要》

PART 3

第三章

张衡地动仪

谈到地震，你首先想到的是什么呢？是上次发生在邻近地区的地震，还是救灾人员日夜工作的身影，抑或是小时候发生在半夜的大地震呢？自古以来，许许多多的地震造成人民生命财产的惨重损失，因为地震不会预告它几天后要来造访，更不会告诉你，它决定要以什么力道活动筋骨，总是“杀”得人们措手不及。关于地震，各国都有许多相关的传说，日本说和巨鲶有关、北美说是和乌龟有关、中国说是和鳌鱼有关，正因为人们无法预测地震的到来，也无法预估地震会造成的灾害程度，所以借由故事的神话色彩赋予地震更多的想象，也凸显了人们在大自然面前的渺小与恐惧。传说故事很多，但传奇人物屈指可数，本章主角张衡便是其中之一。关于地震，张衡说他想到的是地动仪。

公元 132 年，也就是东汉时期，张衡建构了世界上最早的验震器，名为候风地动仪。这个特殊的机械装置被记载于历史文献中，但很可惜的是没有真品留世，即属于前面章节所提到的有凭无据类型的古机械。在过去几个世纪，透过专家学者的努力，终于模拟出几种不同的复原设计。

本章首先概述张衡的生平事迹，接着介绍地动仪的记录及一览西方验震器的发展，让大家对验震器有基本的了解，最后回来说一说张衡地动仪的复原历史记录。

中国的达·芬奇——张衡

张衡，东汉章帝建初三年（公元 78）生于南阳郡西鄂县（今河南省南阳市南召县南），东汉顺帝永和四年（公元 139）卒于洛阳，享年 62 岁，是东汉时期的博学之士，他知识渊博、造诣精深，那么他究竟有多厉害呢？他是天文学家，同时也是杰出的制图师、工程师、数学家、发明家、诗人和画家，可说是十八般武艺样样精通，好比意大利“文艺复兴三杰”之一的达·芬奇（Leonardo da Vinci），在张衡发明的众多精巧机械中，最有名的就是地动仪。

张衡于 17～23 岁（公元 94—公元 100）期间，先后前往西汉（公元前 206 —公元 26）都城长安、东汉都城洛阳游学，23 岁（公元 100）时应南阳郡太守鲍德的邀请，回乡当主簿，负责管理文书工作，并辅佐鲍德治理政务。31～34 岁（公元 108—公元 111）期间，一直住在自己的家乡，专心钻研学问，精读扬雄的《太玄经》。《太玄经》是一部研究宇宙现象的哲学著作，内容是有关天文、历算和浑天说的理论，34 岁（公元 111）应召入京，官拜郎中。37 岁（公元 114）担任上书侍郎，38 岁（公元 115）转任太史令，主持观测天象、编订历法还有调理钟律等事务，40 岁（公元 117）制作出浑仪。41 岁（公元 118）完成天文学名著《灵宪》，书中内容包罗万象，包含了天地的生成、宇宙演化、行星运动理论、准确恒星观测数据和解释月食成因的科学方法等。42 岁（公元 119）完成《算罔论》一书，是一部集大成的算术通论，比较可惜的是此书已经失传。除此之外，张衡用渐进分数法，算出圆周率为十的平方根，其值在 3.1 466 到 3.1 622。44 岁（公元 121）调任公交车司马令，负责保卫皇帝的宫殿，通达内外奏章，接受全国官吏与人民的献贡物品，并接待各地调京人员等工作。

49 岁（公元 126）再任太史令，撰文《应间》回应统治阶级的冷遇及传统势力的嘲笑。55 岁（公元 132）制作出可以侦测地震发生方位的地震仪器，就是著名的地动仪。56 岁（公元 133）任侍中，担任皇帝身边的参谋。59 岁（公元 136）任河间相。61 岁（公元 138）任尚书，并在任尚书第二年逝世。

张衡在诗、赋、文、铭、赞、书、疏等各类韵散文辞方面都有成就，在中国文学史上有独特的地位和文学价值。张衡是跨领域的最佳代表，以现代来看张衡是位不折不扣的全才，在当时想必也是不可多得的人才，除了在文学领域有杰出表现外，在机械制作方面也有许多惊人的成就，有记载而且较可信的作品包括地动仪、浑仪、瑞轮蓂荚和独木飞雕四项，与三国时期（公元 220—公元 280）的马钧被后人并称为“木圣”。

因地理位置的缘故，中国饱受地震灾害之苦，各个历史朝代都有许多关于地震的历史文献记录。每当地震发生，常会造成民生动荡与社稷不安，更糟糕的是有些人唯恐天下不乱，趁着地震灾难之际还要引发叛乱。除此之外，地震也被视为凶兆，所以君主十分关切地震，在当时为了巩固政权，朝廷必须尽快将军队和物资送到灾区，着手进行灾情救助及灾后复原工作，以免这一震，不仅震垮了百姓的家，也震垮了朝廷的权。《史记》关于地震的记载见图 3-2-1。

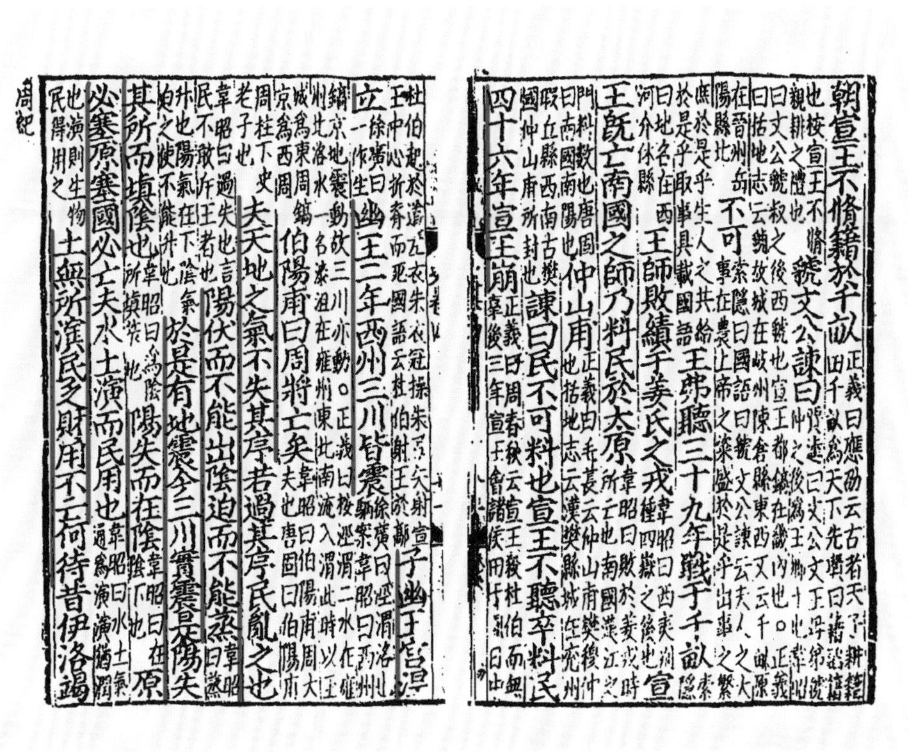

图 3-2-1

西周时期关于地震讯息的记载 · 《史记》

说明 史料关于地震的最早记载是《史记》描述公元前 780 年周幽王时期的大地震，内容除了提到西部地区有三条河道因为这场地震而干枯，更说明当时人们对于地震的看法，认为地震是阴阳没有调和好，产生气不通顺的情况，而地震的发生更是预测国家兴亡的重要指标。伯阳甫预言西周亡国不过十年，西周也确实在公元前 771 年亡国，前后时间还真不到 10 年。

根据历史文献记载，东汉张衡建构出最早的验震器，名为候风地动仪，这个装置不只可以判断地震的发生，更可侦测出地震的方向。当时地动仪装设在首都洛阳，话说有一回，这个地动仪上其中一个龙嘴吐出铜球，“哐啷”一声掉进底下的蟾蜍里面，使得朝廷里的官员纷纷围过去探个究竟，但因为洛阳并没有发生地震，所以大家都一头雾水，议论纷纷，觉得这个地动仪一点都不准确。过了几天，有人快马加鞭送来讯息，说是位于洛阳西北方 400 千米外的陇西发生大地震，这时大家心头一震，想到前几天地动仪确实有动静，吐出龙球者正是代表西北方的龙嘴，与发生地震的方位不谋而合，从此以后，大家不再怀疑地动仪的准确性。1 000 多年前的张衡竟然有能力设计制造出可以侦测无感地震的候风地动仪，实在太厉害了！

烈度

烈度（Seismic intensity），或称地震震度，用以表述这一地区受地震的影响程度，分成数级，级数愈高表示震感愈强烈，造成的灾情也愈重。通常以地震晃动的加速度作为分级定义，是一种常用的地震度量方法，各国有自己的分级方式，中国将震度分为十二级。无感地震指人们无感觉，仅仪器能记录到的地震。

那么这个地动仪是什么样子的呢？让《后汉书·张衡传》（图3-2-2）详细地告诉你：“阳嘉元年（公元132）复造候风地动仪，以精铜铸成，圆径八尺，合盖隆起，形似酒尊，饰以篆文、山龟、鸟兽之形。中有都柱，傍行八道，施关发机；外有八龙，首衔铜丸，下有蟾蜍，张口承之。其牙机巧制，皆隐在尊中，覆盖周密无际。如有地动，尊则振、龙机发、吐丸，而蟾蜍衔之。振声激扬，伺者因此觉知。虽一龙发机，而七首不动，寻其方面，乃知震之所在。验之以事，合契若神。自书典所记，未之有也。尝一龙机发，而地不觉动，京师学者咸怪其无征。后数日驿至，果地震陇西，于是皆服其妙。自此之后，乃令史官记地动所从方起。”地动仪可能的外形大致如图3-2-3所示。

〔六〕二立謂太上立德，其次立功也。上云「立事有三，言爲下列，下列且不可庶，況其二哉」，故言不能參名於二立也。

臣賢案：古本作「二立」，流俗本及衡集「立」字多作「匹」，非也。數子謂斐豹以下也。

〔七〕左傳曰，楚左史倚相能讀三墳、五典、八索、九丘。孔安國以爲三墳（五典）三皇之書，八卦之說謂之八索。此以下言不能立德立功，唯欲立言而已。

〔八〕前書東方朔曰：「首陽爲拙，柱下爲工。」應劭曰：「老子爲周柱下史，朝隱終身無患，是爲上也。」

〔九〕論語子貢曰：「有美玉於斯，韞櫝而藏諸，求善賈而沽諸？」子曰：「我待價者也。」又子謂顏回曰：「用之則行，捨之則藏，唯我與爾有是夫。」

〔一〇〕孟子曾子曰：「晉、楚之富，不可及也。彼以其富，我以吾仁，彼以其爵，我以吾義，吾何慊也？」慊猶恨也，音苦簟反。

陽嘉元年，復造候風地動儀。以精銅鑄成，員徑八尺，合蓋隆起，形似酒尊，飾以篆文山龜鳥獸之形。中有都柱，傍行八道，施關發機。外有八龍，首銜銅丸，下有蟾蜍，張口承之。〔一〕其牙機巧制，皆隱在尊中，覆蓋周密無際。如有地動，尊則振龍機發吐丸，而蟾蜍銜之。振聲激揚，伺者因此覺知。雖一龍發機，而七首不動，尋其方面，乃知震之所在。驗之以事，合契若神。自書典所記，未之有也。嘗一龍機發而地不覺動，京師學者咸怪其無徵，後數日驛至，果地震隴西，於是皆服其妙。自此以後，乃令史官記地動所從方起。

〔一〕蟾蜍，蝦蟇也。蟾音時占反，蜍音時諸反。

張衡列傳第四十九　一九〇九

图 3-2-2

关于张衡地动仪的描述 · 《后汉书 · 张衡传》

图 3-2-3

张衡地动仪的可能外形

可是，历史文献对于张衡地动仪的内部装置，除了强调中间有都柱，傍行八道外，还缺少了很多的细节描述，就像是遥控车组装指南只写了下有底板，内有引擎一组，对于其他的线路安装都没有过多说明，要顺利组装出遥控车就有很大的困难。相同地，张衡地动仪内部机械构造至今仍是一个谜，为地动仪复原工作增添了不少难度。

一、地震学

地震学一词源自希腊，意为震动。地震学的范围十分广泛，是专门研究地震相关的学问，像是地震引起的现象及引起地震的原因等。地球上并不是每个地方都有地震发生，而是讲求先天条件的，基本上是与火山的分布相同，大多集中在板块相互作用的地区，而且呈长方形或环形。地震带上的国家时常有许多大大小小的地震发生，生活在这些地区的人们，一生总有许多和地震相关的回忆。造成地震的原因很多，其中板块运动是发生地震最主要的原因。板块会不断运动、摩擦和挤压，若压力够大，就会造成断层，断层沿着岩石的一边或两边，呈现剪刀式的断裂，又可分为正断层、逆断层及平移断层等。历史上许多大规模的地震，例如 1923 年日本关东大地震、1960 年的智利大地震、1976 年的唐山大地震等，造成了难以想象与估计的灾害规模，灾情非常严重，令人心碎与恐惧。时至今日，地震仍无法准确预测，许多地震学家、科学家努力研究，期望有朝一日能找出预测的方法，将灾害降到最低。

二、地震波

地震所产生的地震波，一般可分为 P 波、S 波以及表面波三种类型。P 波速度最快，以前后压缩的方式传递，又称为纵波；S 波比 P 波晚到，不同于 P 波的震动方式，S 波的传递方向和地震方向垂直，以横波的方向前进；表面波沿着地球表面传递，是由 S 波和 P 波交叠干涉而来。最先到达的是 P 波，P 波会使地面产生震动，称为初动，而造成初动的 P 波，可以是压缩也可以是伸张的形式。因为 P 波容易透过介质传递能量且传递快速，因此若可以侦测到 P 波，就可以预测出地震的方向，换句话说，若可以侦测到初动的方向，即可侦测出地震的方向，这或许是候风地动仪构造设计的一大重点。

三、地震相关装置与发展

1. 地震仪与验震器

我们来想象一下，当一颗石头落入水中时，从落点处往外扩散的水波，形成一圈圈的涟漪，就好比地震发生时所产生的地震波，会沿着特定方向往四面八方扩散，而地震仪的工作就是负责记录由震波所导致的地面运动，被记录下来的结果则称为地震图或震波图。地震仪一般包含感震计、计时系统、记录系统三个部分。另外，只可以侦测地震的发生，但没有记录地面运动的装置称为验震器。在地震观测站，除了南北向与东西向各有一个水平感震计之外，还会有一个垂直向的感震计。水平感震计可分为一般摆型、水平摆、倒立摆及加里津（Galitzin）型摆四种感应组件，如图 3-3-1 所示。早期的感震计主要是以悬吊摆垂和摆垂本身的惯性作为设计准则。张衡的地动仪是属于用来侦测地震发生的验震器，虽然没有记录地面运动的功能，但相较于欧洲大陆在 18 世纪初才有使用仪器侦测地震发生的文献记载，中国在公元 132 年就设计制作出地动仪，称张衡为世界验震器第一人一点也不为过！

▶

图 3-3-1

早期水平感震计的感应组件类型

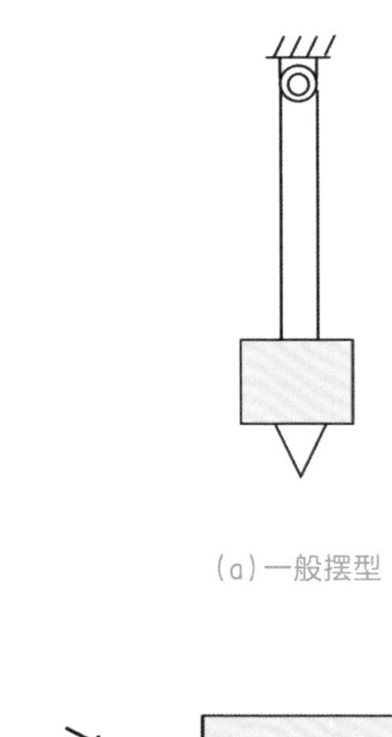

(a)一般摆型

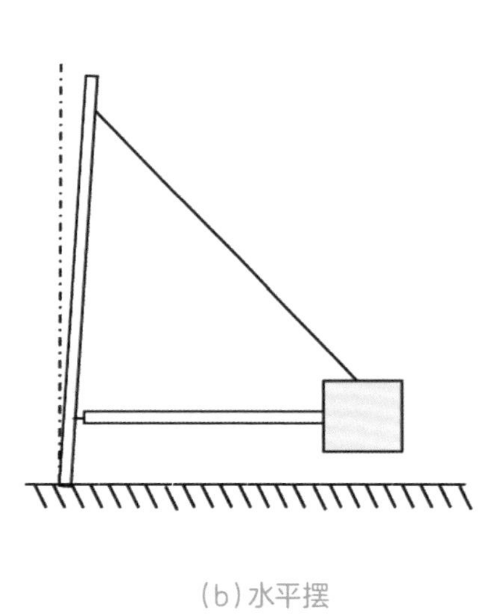

(b)水平摆

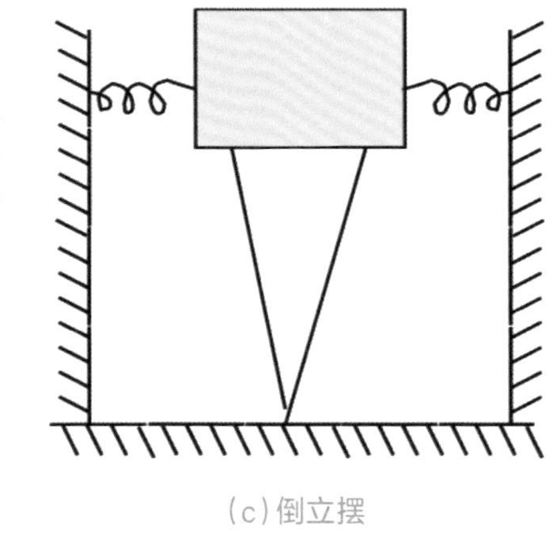

(c)倒立摆

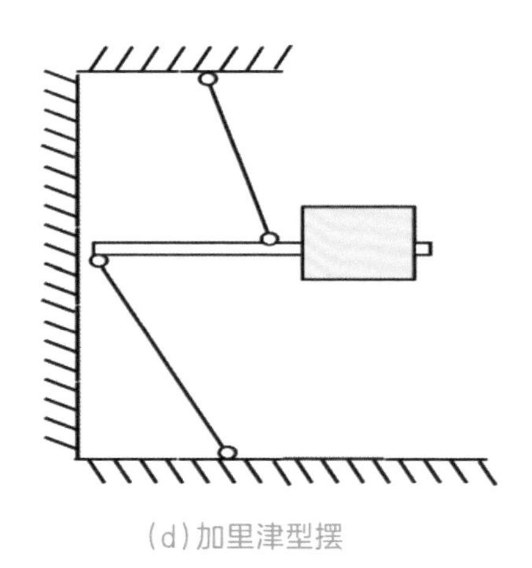

(d)加里津型摆

2. 感震计构造

感震计包含感应组件、放大器及细线或长杆三个基本部分，感应组件反应地面运动，放大器的主要功能为放大地面的运动，细线或长杆的另一端以刻画点形式置于记录滚筒上。当地震发生时，地面的运动借由刻画笔记录于滚筒上，这是早期最常用来记录地面运动的方式，如图 3-3-2 所示。地震发生时，地面运动包含东西向、南北向和垂直三个方向。

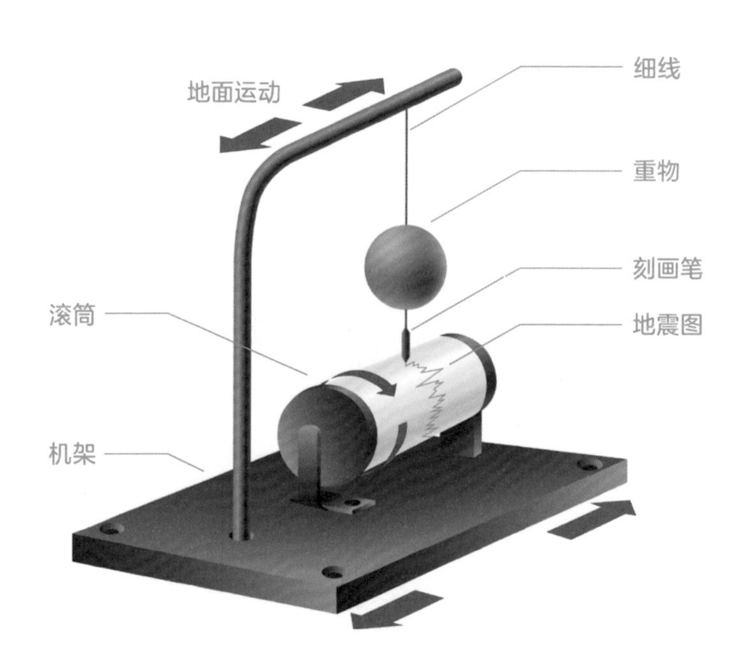

图 3-3-2

感震计

3. 西方验震器的发展

早期的验震器，主要是用来侦测地震的发生，1703 年时，弗耶（J. de Haute Feuille）设计一个装有水银的验震器，地震发生时，水银流出并进入周边的杯子（图 3–3–3）。1751 年时，比纳（Andrea Bina）将摆垂悬吊在细沙上面，当摆垂动作时，便可以在细沙上描绘地面运动记录（图 3–3–4）。19 世纪，意大利科学家也积极投入地震仪的设计行列，1875 年时，赛奇（Filippo Cecchi）建造了第一台地震仪，用了南北向和东西向两个摆垂来测量水平运动，并经由绳索与滑轮机构，将摆垂的运动放大 3 倍后存于记录系统中，这种摆设方式一直沿用至今（图 3–3–5）。1856 年时，米尔恩（John Milne）、格雷（Thomas Gray）以及艾韦恩（J. Alfred Ewing）进行了不同摆垂装置记录地面运动的实验，发展出具有实用价值的地震仪器，图 3–3–6 为米尔恩所提出使用水平摆作为感应杆的地震仪。1898 年时，维却特（Emil Wiechert）使用一个装有黏滞阻尼的倒立摆作为感应杆，借由黏滞阻尼的效应，使地震仪的准确度大幅提升（图 3–3–7）。1906 年时，加里津（Boris Galitzin）基于线圈通过磁场会产生电流的原理，应用在记录地面运动上，其优点是可以得到非常大的地面运动放大倍数，而且没有倾斜的问题，有极高的灵敏度可以侦测到全球各地发生的地震，另外是可以将摆垂系统与记录系统放在不同空间（图 3–3–8）。

图 3-3-3

弗耶型验震器

图 3-3-4

比纳型验震器

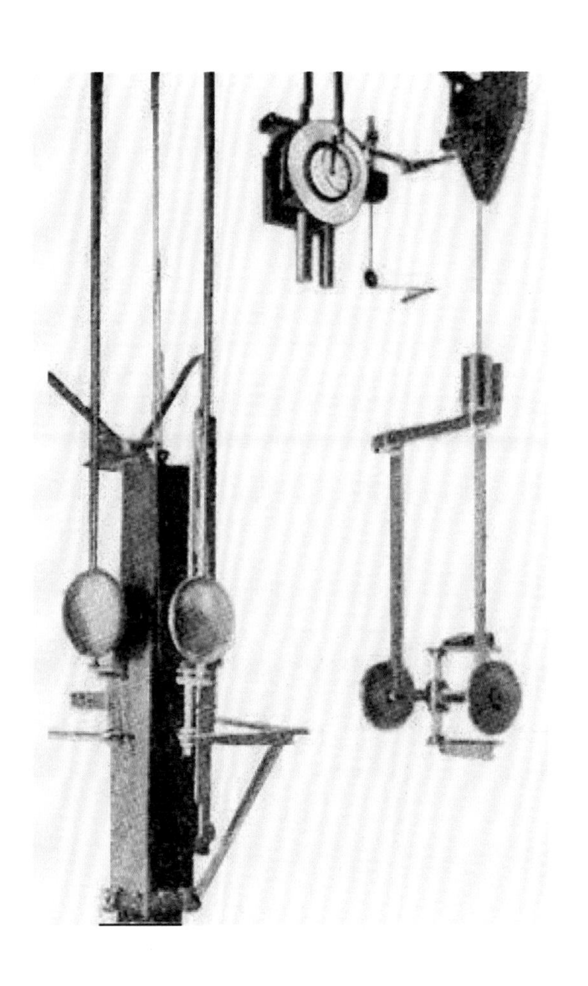

图 3-3-5

赛奇型地震仪

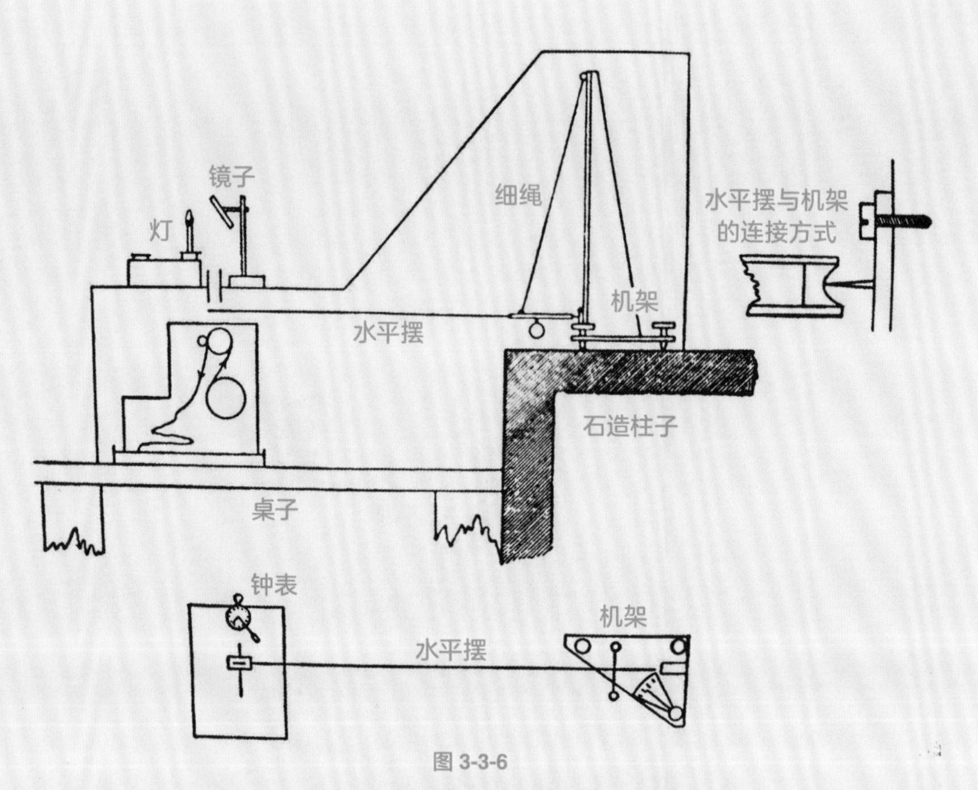

图 3-3-6

米尔恩型地震仪

图 3-3-7

维却特型地震仪

图 3-3-8

加里津型地震仪

地动仪复原型录

到了19世纪末，开始有学者投入地动仪的研究与复原设计，根据内部传动机械的作动原理，可分为悬吊式单摆、直接接触、倒单摆及固定都柱四种类型。接下来我们就一起来看看这些不同的张衡地动仪复原设计吧！

一、悬吊式单摆

1936年，中国科技史学家王振铎（1911—1992）提出关于张衡地动仪的复原设计，如图3-4-1所示，都柱以悬吊的方式作为感应组件，当地震波扰动摆垂时，摆垂会触发邻近的杠杆机构，使龙口中的金属球落下。

▶

图 3-4-1

王振铎第一型张衡地动仪复原设计

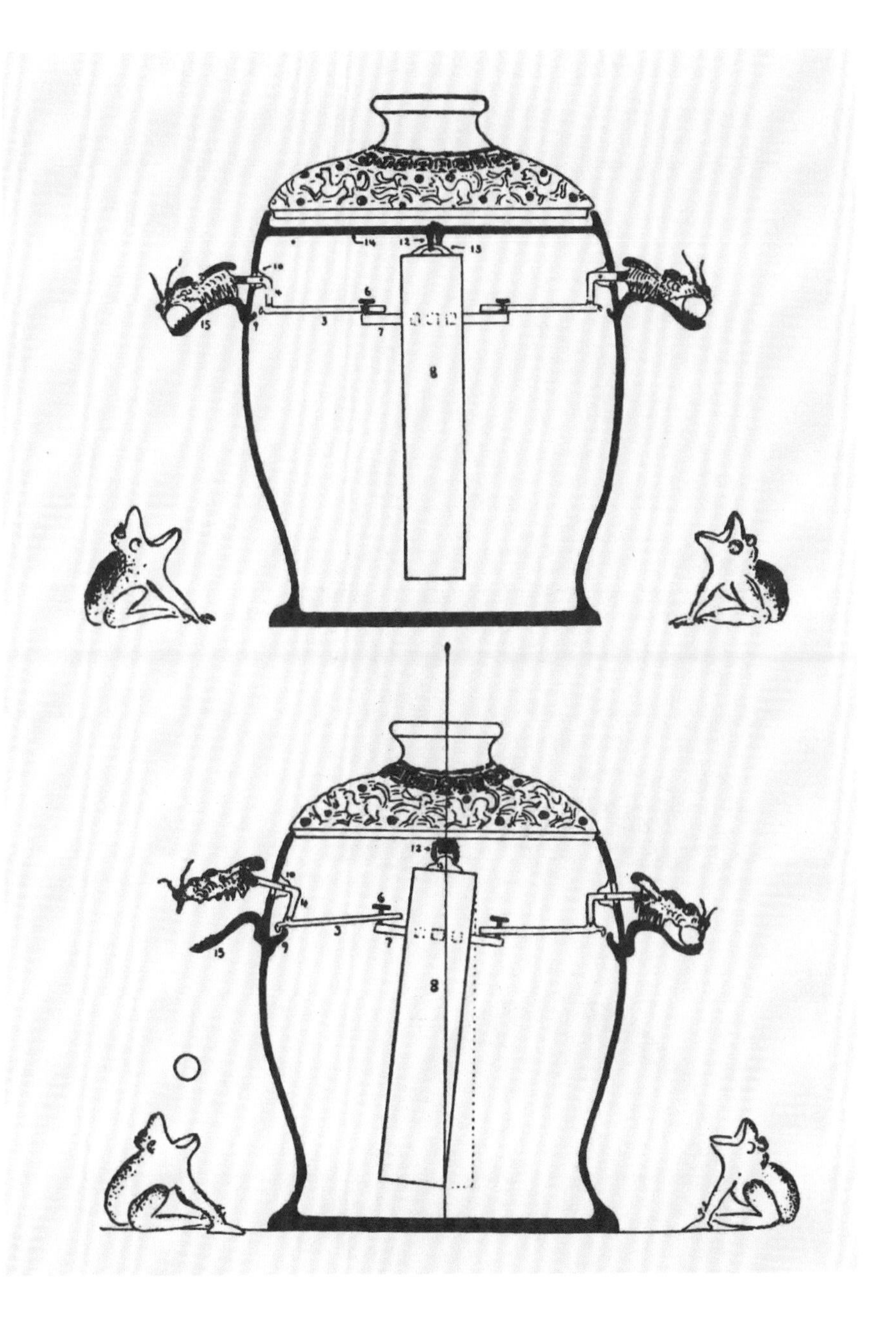
14
12
13
10
11
6
3
7
8
9
15

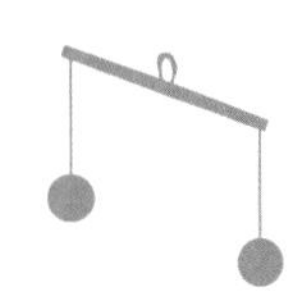

在 2006 年，冯锐等人提出一个都柱以悬吊摆方式作为感应组件的复原设计，当地震波到来时，摆垂摇动，使得下方铜球滚动至对应的龙口方向，触动连杆机构释放位于龙口的铜球，最后落入蟾蜍口中，如图 3-4-2 所示。

图 3-4-2

冯锐团队型张衡地动仪复原设计

二、直接接触

1939年，日本地震学家中村明恒（Akitsune Imamura，1870—1948），在东京大学地震观测台，做出一个当地震波扰动摆垂时，会使摆垂倾倒至周围的八个通道的复原设计，如图3-4-3所示。1963年，王振铎提出另一种复原设计，如图3-4-4所示，以直立都柱作为感应组件，当地震波到来时，失去平衡的都柱会触动其方位的连杆机构，使铜球滚至对应的龙口。

图 3-4-3

中村明恒型张衡地动仪复原设计

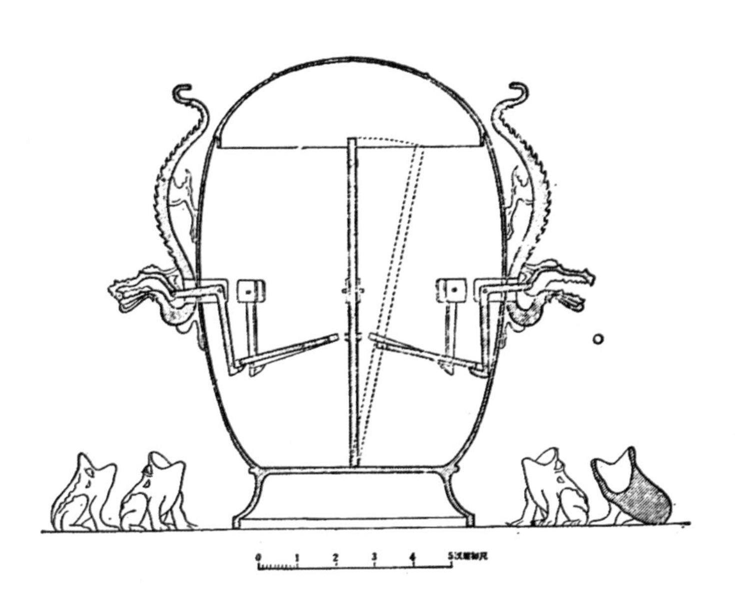

图 3-4-4

王振铎第二型张衡地动仪复原设计

三、倒单摆

1937 年，日本地震学家荻原尊礼（T. Hagiwara，1908—1999）提出的复原设计是都柱以倒单摆方式作为感应组件，当地震波扰动都柱，使其上方倾倒至周围八个通道之一，并推动该通道的滑块，使滑块再推出龙口中的铜球，如图 3-4-5 所示。1991 年，中国专家王湔亦以倒单摆的感应组件，用以触动连杆机构使都柱倾斜，导致龙口中的铜球坠落。

图 3-4-5

荻原尊礼型张衡地动仪复原设计

四、固定都柱

2007 年，颜鸿森与笔者以都柱为固定于内底部的机架、尖顶有颗铜球，两根直立串连成一直线的静不定连杆为感应组件，以连杆、皮带、滑轮为传动组件，基于“古机械复原设计法”以及上述历史记录与发展，归纳出张衡地动仪作动机构的构造特性，有系统地解密出多种符合当代工艺技术水平之地动仪复原设计，如图 3-4-6 所示是以连杆为感应组件的一种可能设计。

图 3-4-6

颜鸿森与萧国鸿型地动仪复原设计

结语

读完本章，相信读者对于候风地动仪的历史发展及地震相关的知识，都有了更广泛且更深刻的了解。张衡的地动仪属于有凭无据失传古机械，实际的地动仪已经消失在漫漫的历史长河中，虽然近现代很多专家学者投入非常多的心力，试图复原设计出真正的候风地动仪，然而，那一台可以侦测出陇西大地震，但在洛阳却是无感地震的精密验震仪器，至今还是一个谜，张衡地动仪真正的内部机械构造，还是需要更多的努力才能找到解答。

期待有一天，历史学家找出更多有关候风地动仪的文献资料，抑或是考古队发现真正地动仪的出土文物，这样就可以真相大白，一解候风地动仪的千古之谜。

此外，大部分人都知道张衡设计制造出全世界第一个可以感测地震的仪器，也认为张衡是中国历史上前无古人后无来者、唯一建造地动仪的人。但事实不是这样的，从历史文献得知，还有两位厉害人物也造出可以侦测地震的装置，他们是北齐（公元 550—公元 577）的信都芳及隋朝（公元 581—公元 618）的临孝恭，如图 3-5-1、图 3-5-2。史书记载这两位是天文与数学领域著名的专家，也都是非常用功做研究的学者。信都芳除了造出地动仪之外，还做出浑仪、欹器、漏刻等巧物，也写了一本名为《器准》的书，书中还有图画说明；临孝恭也写了《欹器图》与《地动铜仪经》等书。可惜这两位先生写的书都没有流传下来，不然我们就有更多关于地动仪及其他仪器的资料可供研究了。

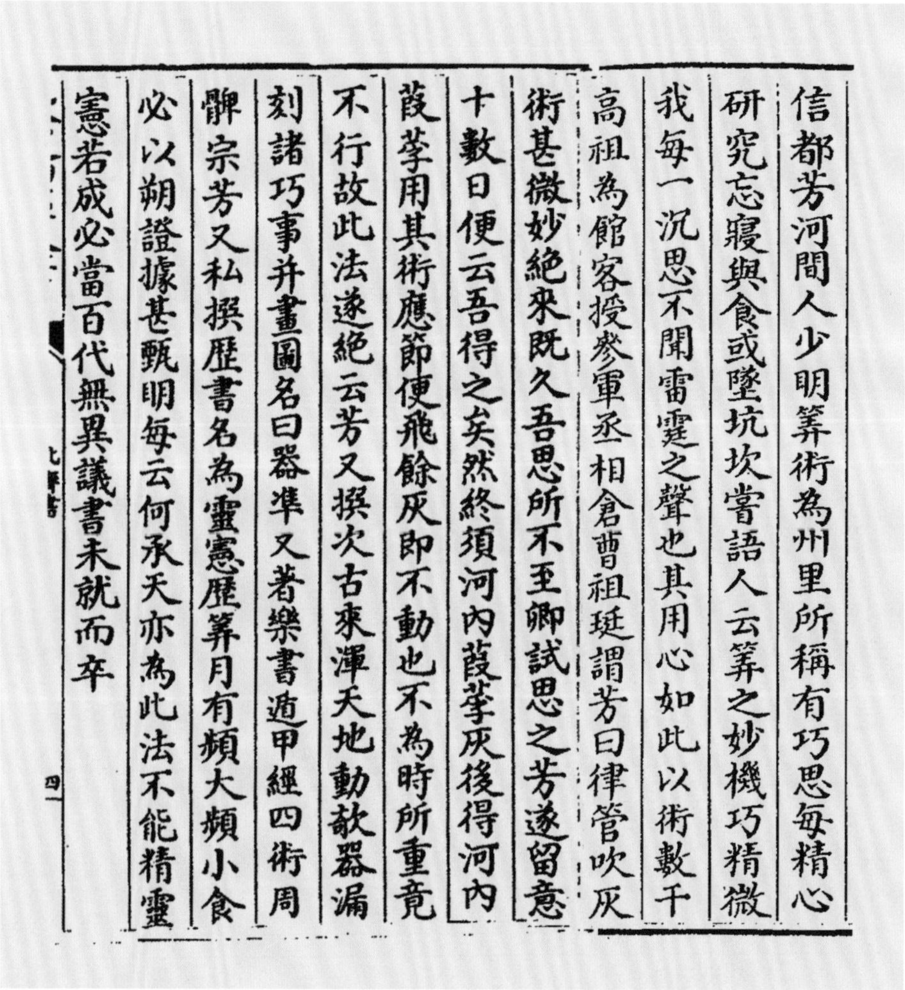

信都芳河間人少明筭術為州里所稱有巧思每精心研究忘寢與食或墜坑坎嘗語人云筭之妙機巧精微我每一沉思不聞雷霆之聲也其用心如此以術數千高祖為館客授參軍丞相倉曹祖珽謂芳曰律管吹灰術甚微妙絕來既久吾思所不至卿試思之芳遂留意十數日便云吾得之矣然終須河內葭莩灰後得河內葭莩用其術應節便飛餘灰即不動也不為時所重竟不行故此法遂絕云芳又撰次古來渾天地動欹器漏刻諸巧事并畫圖名曰器準又著樂書遁甲經四術周髀宗芳又私撰歷書名為靈憲歷筭月有頻大頻小食必以朔證據甚甄明每云何承天亦為此法不能精靈憲若成必當百代無異議書未就而卒

图 3-5-1

古籍中关于地动仪的记载（一）·《北齐书》

臨孝恭京兆人也明天文算術高祖甚親遇之每言災祥之事未嘗不中上因令考定陰陽官至上儀同著欹器圖三卷地動銅儀經一卷九宮五墓一卷遯甲月令十卷元辰經十卷元辰厄一百九卷百怪書十八卷祿命書二十卷九宮龜經一百一十卷太一式經三十卷孔子馬頭易卜書一卷並行於世

劉祐滎陽人也開皇初為大都督封索盧縣公其所占候合如符契高祖甚親之初與張賓劉暉馬顯定歷後奉詔撰兵書十卷名曰金韜上善之復著陰策二十卷

欽定四庫全書　隋書　二十二

图 3-5-2

古籍中关于地动仪的记载（二）·《隋书》

苏颂档案室 · SUSONGDANGANSHI

欢迎光临巨型天文钟 · HUANYINGGUANGLIN JUXINGTIANWENZHONG

水运仪象台的心脏——水轮秤漏装置 · SHUIYUNYIXIANGTAIDEXINZANG：SHUILUNCHENGLOUZHUANGZHI

水运仪象台密码 · SHUIYUNYIXIANGTAIMIMA

结语 · JIEYU

第四章 PART 4

苏颂水运仪象台

虽然古代科技不如现今发达，但是人们对于计时、报时的需求一直都是有的，于是古人透过观测日、月、星辰的方位，加以得知年岁、四季、月日和时刻。为了方便观测，古人利用日光或星光，将天体运动轨迹转换到日晷和圭表的晷面上，于是产生了一个报时系统，但使用日晷有些许限制，如果遇上阴天、雨天或是在晚间，就没办法计时，所以人们发明了漏刻（图 4-0-1），利用漏壶中定量的水，通过一定横截面之渴乌的流量来计量时间，将标有时间刻度的箭尺置于漏壶中，箭尺会随着漏壶的水位升降变化标示出时间，如此一来，就不怕天气不好影响计时功能了。中国古代的天文钟是结合漏刻与自动水力定时器，利用水轮秤漏装置来达到间歇性与等时性的计时功能，且具有一个凸轮拨击装置的报时系统。天文钟发展到宋朝时已臻完备，代表作就是苏颂与韩公廉所建造的水运仪象台。这个装置是一个集大成之作，也是中国天文与计时仪器研究的里程碑，但很可惜实物在动乱中不复存在。还好苏颂与韩公廉留下《新仪象法要》这本重要的文献资料，内有水运仪象台的详细记录，提供后人研究参考。

在本章节里，将从史料文献、复原设计等方面带大家认识水运仪象台，最后再特别对水轮秤漏装置做一个比较详细的分析，因为水轮秤漏装置（擒纵调速器）好比整座天文钟的心脏，是带动整座天文钟运转的核心，也是全世界最早有图文记载的擒纵调速器。

小秘方

擒纵调速器

擒纵调速器是近现代机械钟表的重要装置，有很多类型，通常是将连续之圆周运动转换为间歇的往复运动。主要两大作用：一是把动力分派到振荡器，维持其运作；二是把动力传给负责显示时间的指针。

大家准备好了吗？让我们搭乘时光机回到宋朝，一起来场水运仪象台观赏之旅吧！

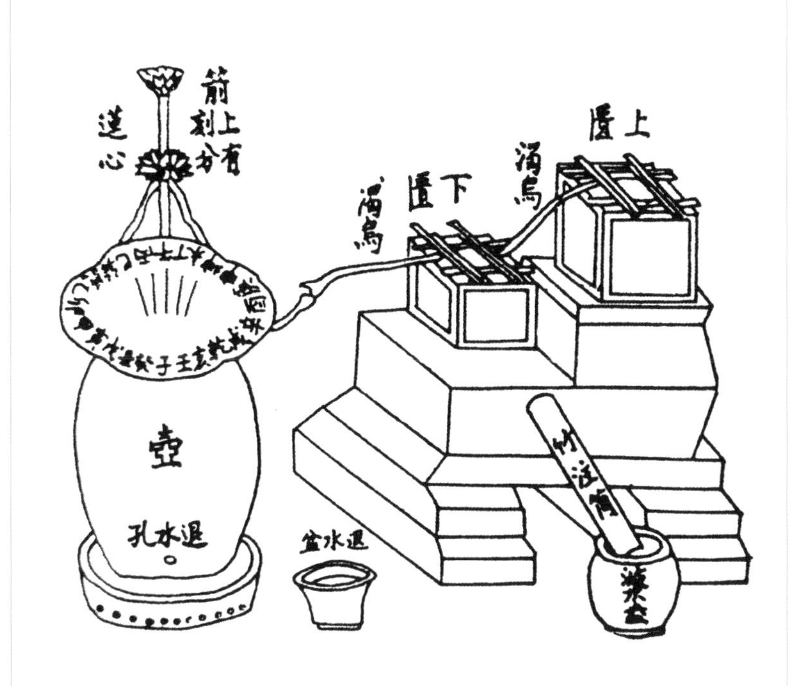

图 4-0-1

漏刻

苏颂档案室

苏颂，字子容，北宋泉州同安人，也就是今天的福建同安。出生在宋真宗天禧四年（公元 1020），卒于宋徽宗建中靖国元年（公元 1101），享年 82 岁。

苏颂出身官宦家庭，父亲苏绅是天禧三年（公元 1019）的进士，后来到朝廷担任宋仁宗的文学侍臣。苏颂从小就受到父亲严格的教育，养成勤奋好学的习惯。宋仁宗庆历二年（公元 1042），23 岁的苏颂追寻老爸的脚步，中了进士，开始了在朝为官的生活。他先在地方任官，然后转调京城担任中央官，又几度到外地任官。宋哲宗元祐元年（公元 1086），苏颂被召回京城，担任刑部尚书、吏部尚书兼侍读、翰林学士承旨和尚书左丞等职位。元祐七年（公元 1092）至元祐八年（公元 1093），担任了九个月的右仆射兼中书侍郎，相当于宰相职位。可能年纪大了，也可能宰相不好当，基于种种考虑，苏颂想要退休，结果只免去了宰相的职位，朝廷派他再到地方去任官。直到宋哲宗绍圣四年（公元 1097），78 岁的苏颂才终于辞去官职，终老在京口（今江苏镇江）。苏颂为政稳重与稳健，"议论持平、务循故事，避远权宠，不立党援"是其为官之道。后赠司空，追封魏国公，赐号正简。

苏颂博学多闻且勤于研究，是做研究当学者的料，他一生在学术上的成就比在政治上的成就更高，主要的贡献在于编撰《本草图经》和《新仪象法要》，当时印刷技术还没有到很普及的地步，不然苏颂可能还会是个畅销作家。

在苏颂担任集贤校理兼任校正医书官期间，根据全国各地出产的药物图谱，于宋仁宗嘉祐六年（公元 1061）九月完成《本草图经》，但是因为原本的说明文字有些详略不一，苏先生这人呢，比较追求完美，对于用字遣词不是很满意，所以苏先生又将《本草图经》加以归纳、整理、分类、编目、润饰文字和进行考证。《本草图经》不仅呈现了当时药物普查的结果，更记录了外国药物进口的状况，并且保存了不少宋朝以前历代文献中有关药物与医方的记载，加上苏先生自己的考证甄别，使《本草图经》成为中国本草学中一部图文并茂的集大成之作，也成为后代本草著作的参考范本。

而另一本《新仪象法要》所记录的就是水运仪象台，基本上整本书就是水运仪象台大全。在北宋元祐年间，苏颂领导韩公廉等太史局技术人员合力完成结合浑仪、浑象和报时装置的水运仪象台，并将制造缘起、经过、整体与各零组件绘图和说明写成《新仪象法要》，全书共有 63 幅图，包括 14 幅天文星图与 49 幅机械绘图，每幅图都有文字说明，内容包含零组件名称、尺寸、构造、运动等，为后世留下极具研究价值的科学技术资料，特别是在天文与机械的研究方面。由于水运仪象台的机械构造相当复杂，《新仪象法要》中的描述仍不够清楚，导致后人重建水运仪象台的难度还是很大。

回过头来，我们再来聊聊苏颂与水运仪象台的发展渊源。苏颂年轻时参加省里的考试，考试的题目是关于如何由历法阐述天体与地球间的规律运行，结果苏颂荣登榜首，从此之后，苏颂对天文学与历法产生了更大的兴趣！

由于苏颂非常优秀的人格特质，他的仕途很顺利，1077 年便被委予重任，他奉命出使北方契丹人的辽国，这次的出访让苏颂遇到可以展现他个人天文与历法知识的机会。

话说苏颂作为大使被派前往辽国祝贺辽国国王的生日，那天刚好是冬至，而当时宋朝历法比辽国历法的冬至提前一天，宋朝的公使助理认为祝贺生日的日期应该是较早的那天（依据宋朝历法）去进行，但辽国外交办事处的礼宾秘书却拒绝在那一天接待宋朝公使。由于辽国对于研究天文与历法没有设限，辽国大文学家的专业知识是优于宋

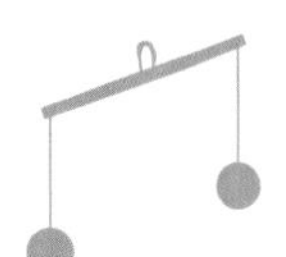

朝的，事实上辽国的历法才是正确的。然而，这是苏颂不可以接受的，因为作为宋朝使臣，他当然要坚持宋历，因为按中国惯例，皇帝颁布历法是作为一种天赋的神圣权力与职责，承认历法就意味着承认中国皇帝的统治权力。于是苏颂运用他丰富的天文与历法知识，旁征博引，说服了辽国的天文学家，于是苏颂被允许在他要求的日子前往祝贺。

回到开封后，苏颂向神宗皇帝做了汇报，皇帝非常高兴且称赞了苏颂的聪明才智，另也问到两种历法何者正确时，苏颂向皇帝说了实话，天文与历法（太史局）的官员也因此受到处分和罚款。1086 年，皇帝命令苏颂重新建造浑仪，苏颂检验太史局的浑仪时，决心要将浑仪、浑象及报时装置结合。苏颂拜访吏部官员韩公廉，韩公廉是一位聪明灵巧的人，了解并掌握许多制作天文仪器的知识及技术。1088 年，水运仪象台开始动工，1092 年正式完工，是当时全世界最先进且最复杂的天文观测与计时仪器。

水运仪象台是中国古代十分复杂的一座仪器，实际上也可视为天文钟。水运，是指利用水作为动力源来运转整座天文钟。仪是浑仪，古人透过观察天空的星座，了解天象运行，而利用坐标技术及其观测装置皆统称为仪。象是浑象，宋朝之前浑象设计制作已相当成熟。浑象外面的球体形状为星空图，模拟星空的运行，透过浑象的展现，白天也可以看到天空的星星与月亮，而且相对位置和真实现象差距不大；阴天与夜晚也能看到太阳所在的位置。这座天文钟可称为是现代天文台的鼻祖，具有现代天文台的基本配备，能够测量、模拟星象及计时报时等，以下详细介绍这座大型天文钟。

一、外观

这座天文钟的高度约 12 米、宽约 7 米，由三层构造组成，包括上层的浑仪、中层的浑象、下层的报时系统司辰与传动系统。如图 4-2-1 至图 4-2-3 所示。

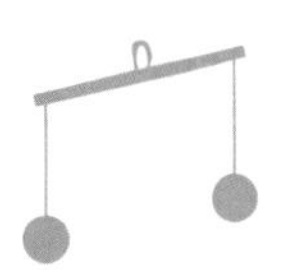

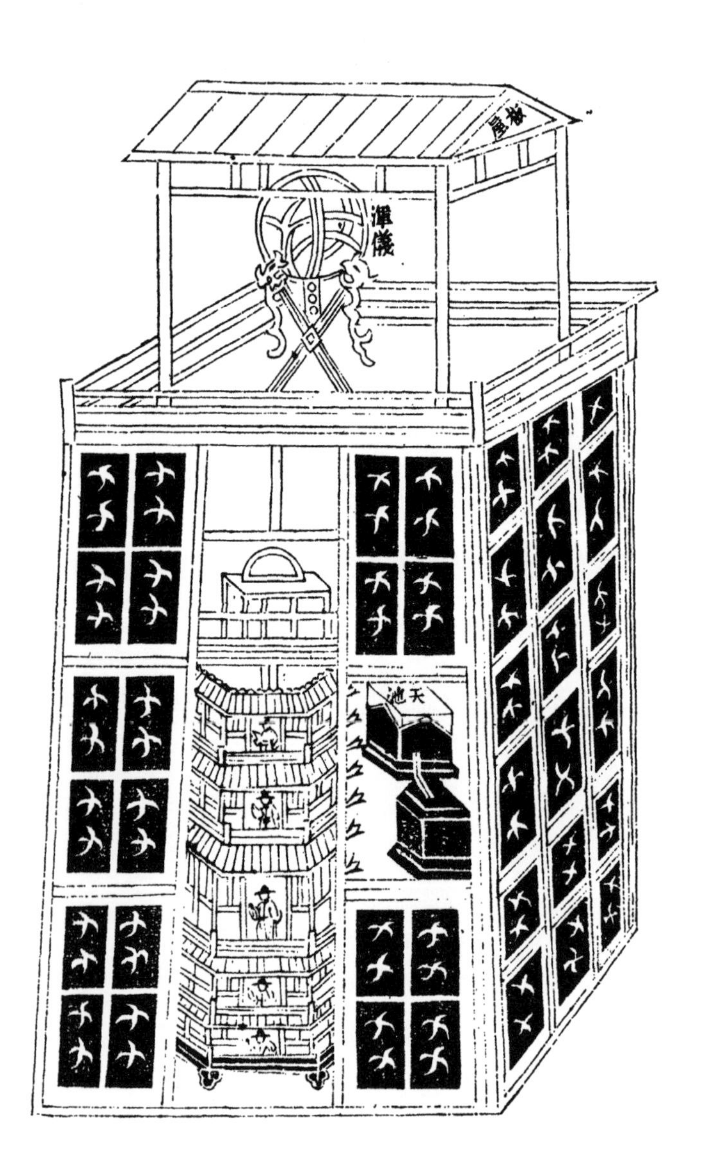

图 4-2-1

水运仪象台外观 · 《新仪象法要》

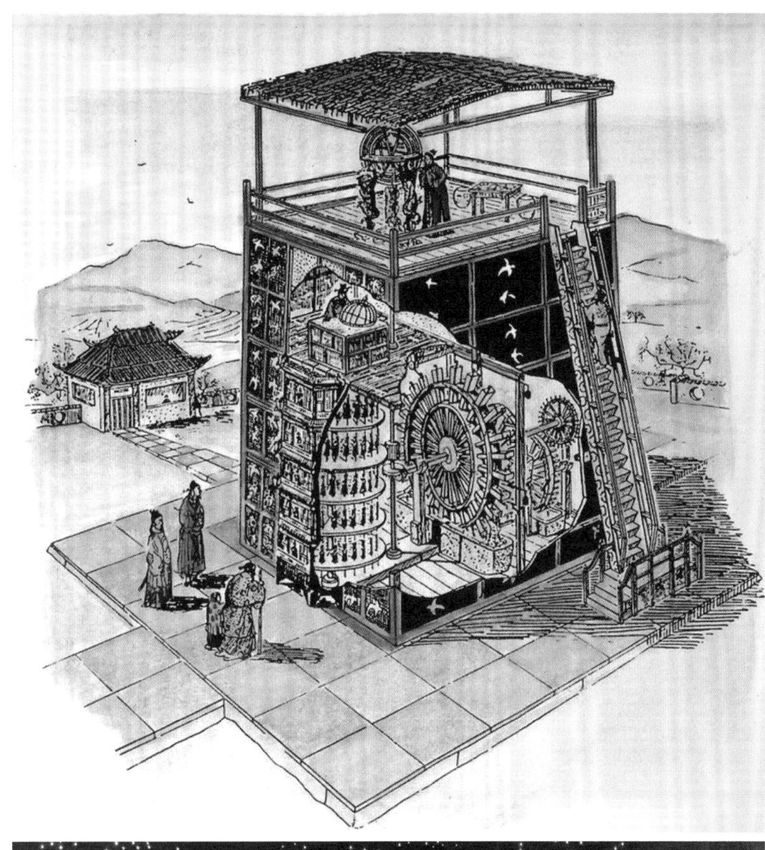

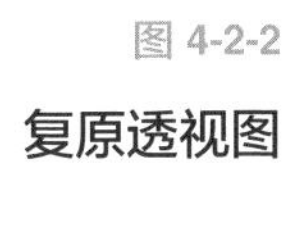

图 4-2-2

复原透视图

图 4-2-3

复原实物图

【位于开封博物馆】

二、构造与组成

1. 浑仪

最上层是浑仪（图 1–2–10），由相应坐标系各基本圈的环规及瞄准器所构成，用以展示围绕地球的天体轨迹。这座天文台的浑仪是一个以水力驱动的巨大铜制天文观测校时装置，具有可开关的屋顶，可视为现代天文台望远观测室活动屋顶的始祖。

2. 浑象

放置于钟塔内，是一个演示天体运行的天球仪，提供浑仪观测时的参考，主要是由星图构成的球体，标有全天星星，共 283 宫 1 464 星，还有黄道和赤道，用 28 条经线将二十八宿隔开。整个浑象放在木箱中，一半露在外，表示可以看见的部分（图 4–2–4）。

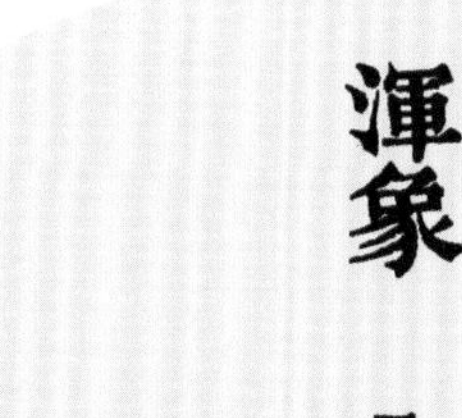

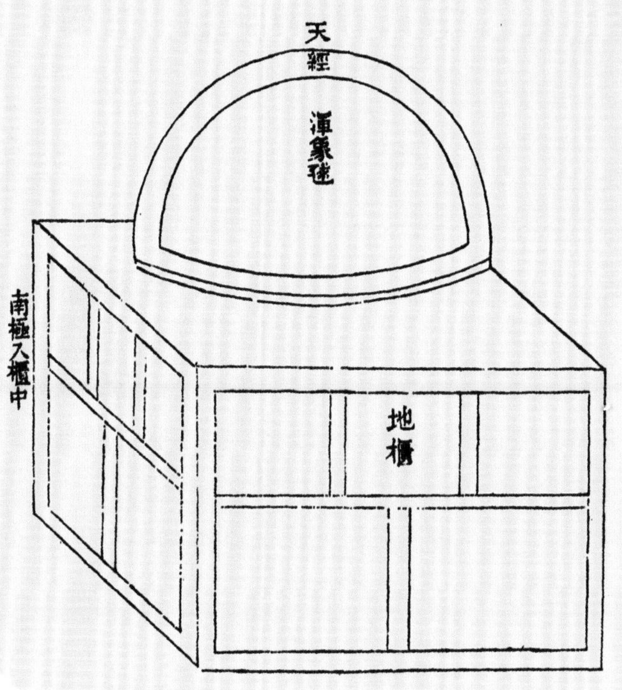

图 4-2-4

浑象·《新仪象法要》

3. 报时系统

报时系统的五层木阁位于钟塔前，每层都有门，可以观看司辰木人的出入，是形象和声音相互配合的报时显示台。可别小看这个报时系统，它好比精细的现代报时钟，不仅使用钟、鼓、铃和钲四种打击乐器，还有四个具有活动手臂的击乐木人和158个分别穿着红、紫、绿色的举牌司辰木人，是不是非常厉害且“声势浩大”呢！

三、运作

水运仪象台主要反映出古中国11世纪的天文学与机械两方面的成就，是中国史上非常杰出的机械设计，不仅有水轮动力装置、二级提水装置、二级浮箭漏装置、定时秤漏装置、水轮杠杆擒纵机构和凸轮拨击报时装置，上面提到的报时系统更运用了多组凸轮拨击装置，结合具体的形象和声音，表现出当时使用的三种时制。动力系统位于钟塔下层后部，整个钟塔的所有运作由一部巨大的时钟机械来操控，主要有一个巨大的水轮，在轮辐的外缘有一个一个的受水壶，透过受水壶承受来自水钟之均匀水流的重量以提供动力，并以受水壶周期的摆动，触发该时钟机械向前运转，这个装置称为水轮秤漏装置，即擒纵调速器，后面的文字会再详细说明。

苏颂将水运仪象台的机械构造记录在《新仪象法要》里，书中有许多插图和文字说明，具有极高的历史意义与研究价值。《新仪象法要》有正本和别本，两种的差异主要在于传动系统的不同，正本采用齿轮系传动，别本则以链条与齿轮混合方式来传动。在昼夜机轮部分，正本与别本间的差异在于传动齿轮啮合位置的不同，即各重轮次序的不一致。图4–2–5为正本所记录的内部构造，图4–2–6则为别本的昼夜机轮表示图。

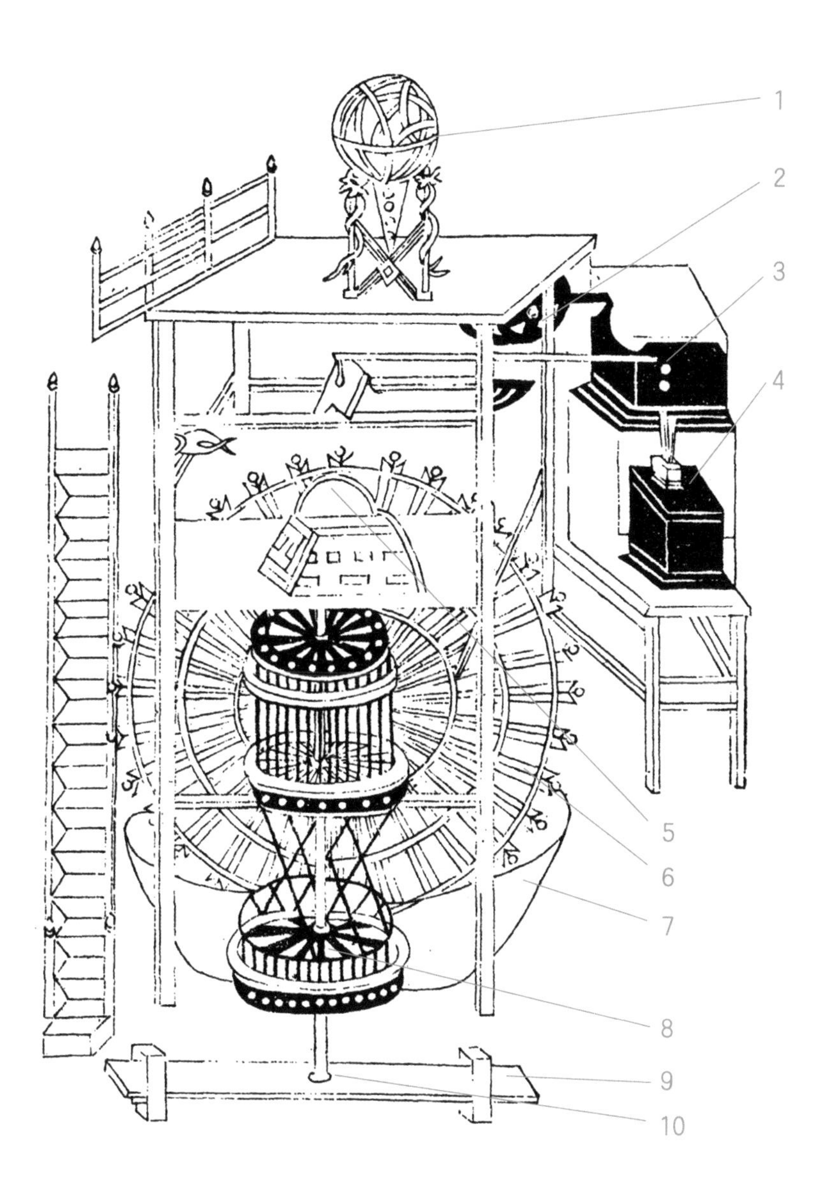

1. 浑仪；　2. 天衡；　3. 天池；　4. 平水壶；　5. 浑象；
6. 枢轮；　7. 退水壶；　8. 昼夜机轮；　9. 地极；　10. 枢臼

图 4-2-5

水运仪象台的内部构造 · 正本

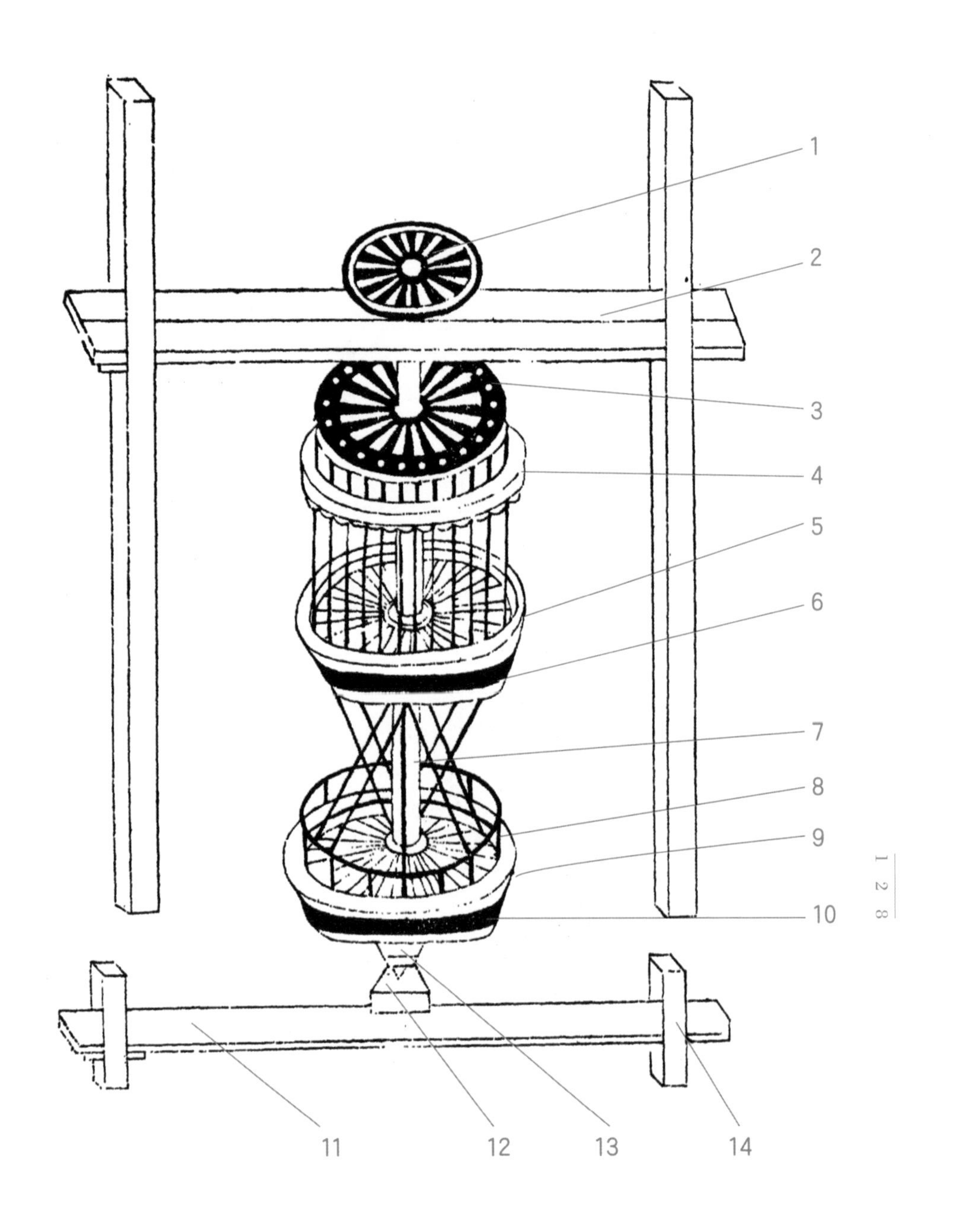

1. 天轮； 2. 天束； 3. 昼时钟鼓轮； 4. 昼夜时初正司辰轮； 5. 报刻司辰轮；
6. 拨牙机轮； 7. 机轮轴； 8. 夜漏金钲轮； 9. 夜漏司辰轮； 10. 夜漏箭轮；
11. 地极； 12. 枢臼； 13. 纂； 14. 地足

图 4-2-6

昼夜机轮 · 别本

昼夜机轮是水运仪象台报时系统中的重要装置，为呈现当时的三种时制，并以形象和声乐自动报时，昼夜机轮共有八重轮，从上到下依次为天轮、昼时钟鼓轮、昼夜时初正司辰轮、报刻司辰轮、拨牙机轮、夜漏金钲轮、夜漏司辰轮及夜漏箭轮。八重轮以机轮轴贯穿，上方以天束束之，下方以铁枢臼承之。

拨牙机轮，如图 4-2-7（a）所示，以传动齿轮和天柱中轮啮合，是报时系统输入端，承接擒纵调速器的动力与运动。天轮、昼时钟鼓轮及夜漏金钲轮都是输出端，天轮以一齿轮对将动力传到浑象，使其能随天轮运转，如图 4-2-7（b）所示。昼时钟鼓轮和夜漏金钲轮以一凸轮对作动在木阁上的敲击机构，按时刻报时。机轮轴与天束和铁枢臼的接头则是属于旋转对。天束是由两块具有半圆缺口的横木组成，用来夹持机轮轴的支撑架，枢臼则是承机轮轴之纂，两者材质皆是铁，一起组成自动对准锥形轴颈轴承。

(a) 拨牙机轮

(b) 天轮

图 4-2-7

昼夜机轮的传动齿轮 · 《新仪象法要》

在介绍这座报时装置之前，简单说明北宋时期的计时方式，可以帮助大家理解这座报时器的运作与功能。古时的一天分成十二个时辰，就是大家熟悉的子、丑、寅、卯、辰、巳、午、未、申、酉、戌、亥，对应于现代的一天 24 小时，所以每时辰有 2 小时；另外，又将每时辰分成时初与时正。例如，丑时为现代时间半夜 1～3 点，半夜 1～2 点称为丑初，半夜 2~3 点则是丑正；每一个时辰再依序分为初初刻、初一刻、初二刻、初三刻、正初刻、正一刻、正二刻、正三刻。

五层木阁位于昼夜机轮前，每层皆有开门，除了声音外也可以透过观看司辰木人的出入得知时间，是一座形象与声乐相互配合的报时显示台，如图 4-2-8 所示。

图 4-2-8

五层木阁·《新仪象法要》

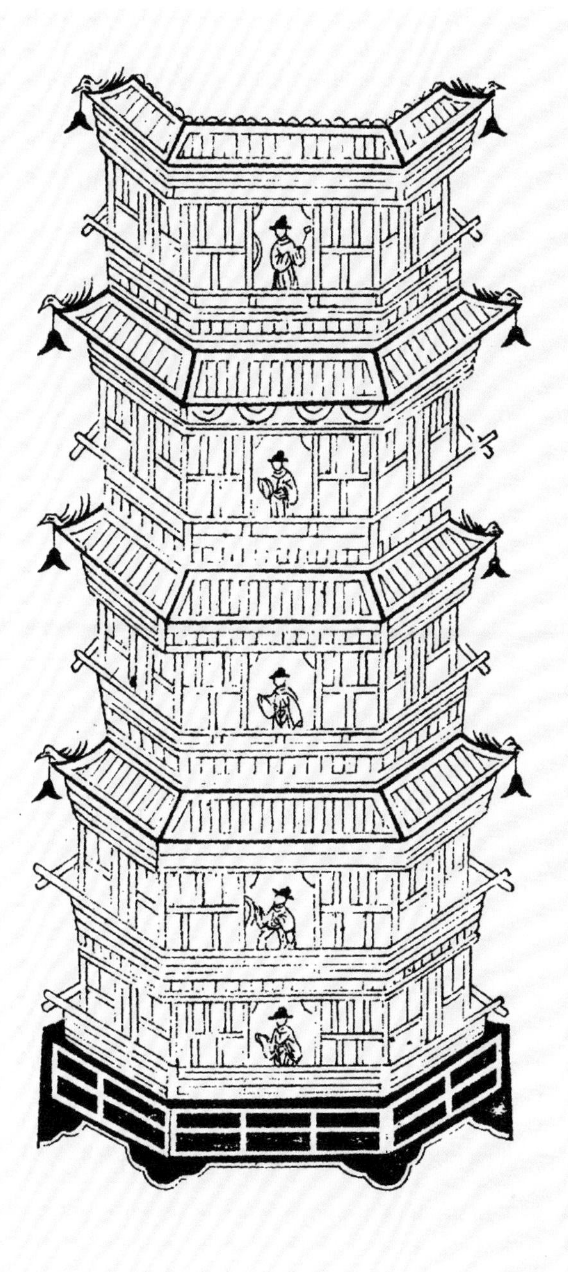

第一层木阁开左、中、右三门，三个不同颜色衣服的司辰木人固定站立着，每个木人各具有一个连杆机构的活动手臂，与均时转动之昼时钟鼓轮上的三组拨牙杆分别作动，是一个凸轮拨击报时装置。昼时钟鼓轮上的三组拨牙杆的时刻与配置，是和每时初、时正、每刻以及拨牙机轮的六百牙距相对应，如图 4-2-9（a）所示，每时初红色衣服司辰在左门内摇铃，刻至绿色衣服木人在中门里面击鼓，时正紫色衣服司辰在右门内敲钟，用不同声音报告不同时间。

第二层只在正中间开一门，如图 4-2-9（b）所示，这一层对应的是昼夜时初正司辰轮，轮辋边站立了二十四个司辰木人，每人手里抱着辰牌，牌子上分别写着子初、子正、丑初、丑正等时辰，与拨牙机轮的六百牙距相对应，因此，时初，会轮到穿着红色衣服的司辰木人报时；时正，则是换穿着紫色衣服的司辰木人报时。当听到铃声和钟声时，看第二层木阁的司辰木人拿着什么时刻的牌子就知道是什么时辰了。

第三层也是在中间开一门，如图 4-2-9（c）所示，这一层相对应的是报刻司辰轮，在其轮辋边站立了九十六个司辰木人，手里抱着辰牌，牌子上分别写着子初初刻、一刻、二刻、三刻；子正初刻、二刻、三刻，和拨牙机轮的六百牙距相对应，刻至，穿着绿色衣服的司辰木人会报时，并和第一层木阁的鼓声互相配合。

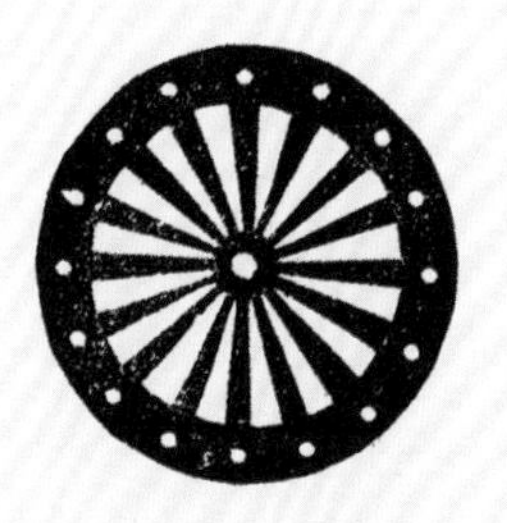

(a)昼时钟鼓轮

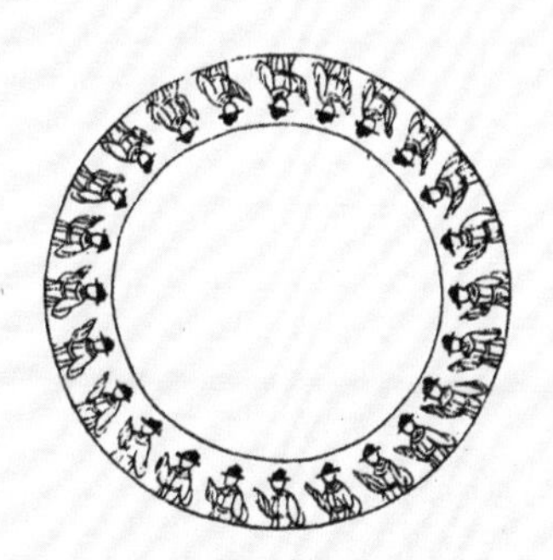

(b)昼夜时初正司辰轮

(c)报刻司辰轮

图 4-2-9

昼夜机轮的昼时报时装置 · 《新仪象法要》

第四层击钲木人固定在正中门内，与夜漏金钲轮[图 4-2-10（a）]的拨牙于每日入、昏、五更、待旦、晓以及出日作动，击钲动作与第一层木人相似，以应第五层出报的司辰木人，也是一组凸轮拨击报时装置。

第五层内是夜漏司辰轮，如图 4-2-10（b）所示，共计有三十八个小木人，穿着三种不同颜色的服饰，根据夜漏箭轮各箭的数值，分布于司辰轮的相对位置以出报夜间更筹，木人分别拿着日入、昏、一筹、二筹、三筹、四筹、二更、一筹、五更、四筹、待旦、一刻、九刻、晓、日出等的牌子，与第四层发出的声音配合。

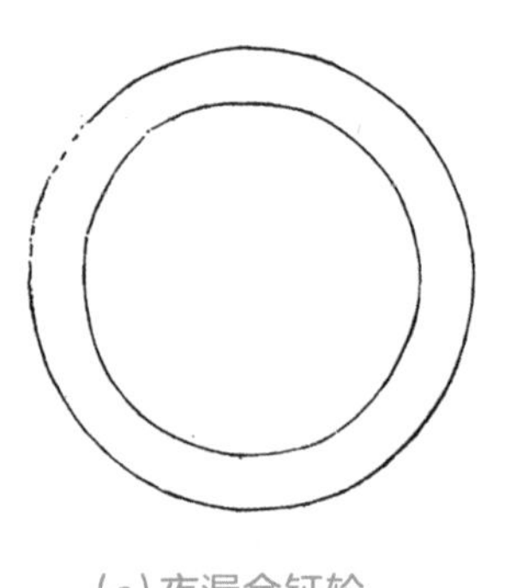

(a) 夜漏金钲轮

(b) 夜漏司辰轮

图 4-2-10

昼夜机轮的夜时报时装置 · 《新仪象法要》

看完了五层木阁的介绍，相信大家对于这座可以发出三种乐器声响、又能举牌表示时间的大型报时装置有了初步的了解，现在就以早上 8 点及下午 5 点 30 分这两个时间，来考考大家是否可以说出第一层到第三层的报时情况。第一题的早上 8 点属于“辰正”，所以第一层的紫色司辰木人会在右门内敲钟，表示时正；第二层会出现穿紫色司辰木人举起“辰正”的牌子；第三层的绿色司辰木人举着“初刻”的牌子。下午 5 点 30 分属于“酉初”，第一层的绿色司辰木人会在中门内击鼓，表示刻至；第二层是红色司辰木人举着“酉初”报时；第三层则是绿色司辰木人举着“二刻”的牌子。你答对了吗？

水运仪象台的心脏——水轮秤漏装置

根据文献考证，最早的擒纵调速器是在中国被发明，但因为受限于文献资料的不足，对于发明的时间与人物依然有一些看法上的分歧，有些学者认为是唐朝的一行和尚与梁令瓒，有些学者认为是北宋的张思训，有些人则认为是北宋的苏颂与韩公廉。《宋史·历律志》对于王黼玑衡的记载中，有描述擒纵调速器的文字且称“自余悉如唐一行之制”。由此可知，苏颂的水轮秤漏装置应是中国古代擒纵调速器杰出之作，但不是第一人。至于其他创作皆因为文献记载过于简略或缺乏图示，而增添了了解机构构造的难度。这是学者在探讨古代机械发展过程中时常遭遇的问题，尤其是一些有凭无据的失传古机械的复原研究。苏颂将水运仪象台之构造、零件尺寸及运动详尽记载并附有图标，清楚说明水轮秤漏装置是由定时秤漏装置与水轮杠杆擒纵机构所组成，且如何相互配合，才能做到等时性与间歇性的计时作用，让这种水轮秤漏机构模式的擒纵调速器得以流传，如图 4-3-1 所示。苏颂的水轮秤漏装置已具有现代机械钟的擒纵调速器的功能，提前西方钟表发展数百年之久。

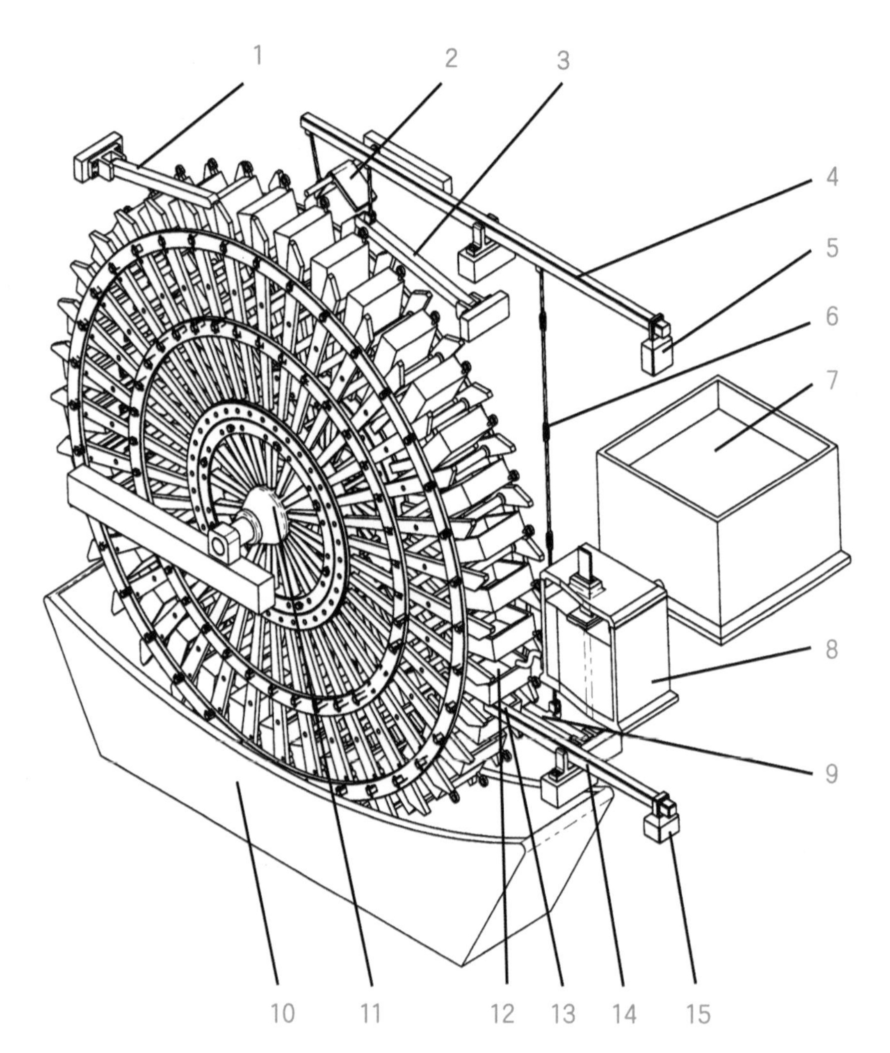

1. 左天锁；　2. 天关；　3. 右天锁；
4. 天衡；　5. 天权；　6. 天条；　7. 天池壶；　8. 平水壶；　9. 关舌；
10. 退水壶；　11. 枢轮；　12. 受水壶 ；　13. 格叉；　14. 枢衡；　15. 枢权

图 4-3-1

水运仪象台的水轮秤漏装置图

定时秤漏装置是由天池壶、平水壶、受水壶、枢衡、枢权和格叉组成。其中，天池壶、平水壶和受水壶组成二级浮箭漏，目的是得到均匀的水流，而枢衡、枢权及格叉组成一枢衡机构，是一个杠杆机构。枢衡机构与二级浮箭漏整合为一个定时秤漏装置，用来产生均匀的周期性运动，其构造与作动方式在《新仪象法要》卷下的描述为："平水壶上有准水箭，自河车发水入天河，以注天池壶。天池壶受水有多少紧慢不均，故以平水壶节之，即注枢轮受水壶，昼夜停匀时刻自正。……枢衡、权衡各一，在天衡关舌上，正中为关轴于水壶南北横桄上，为两颊以贯其轴，常使运动。首为格叉，西距枢轮受水壶，权随于横东，随水壶虚实低昂。"

水轮杠杆擒纵机构由枢轮、左右天锁、天关、天衡、天权、天条和关舌组成，其中，枢轮是一原动轮，并具有擒纵轮的功能(图4-3-2)，与左天锁和右天锁组成一棘轮机构；天关、天衡、天权、天条和关舌组成天衡机构，用来传递受水壶冲击关舌的动力，以拉动左天锁与天关来控制枢轮的转动，如图 4-3-3 所示。

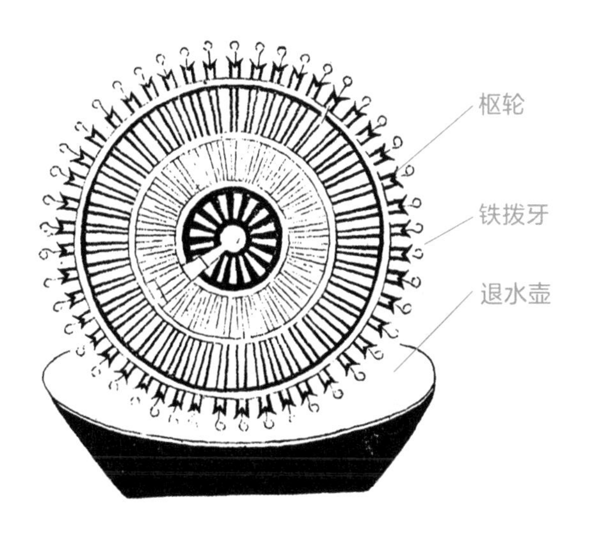

图 4-3-2

水运仪象台的枢轮 · 《新仪象法要》

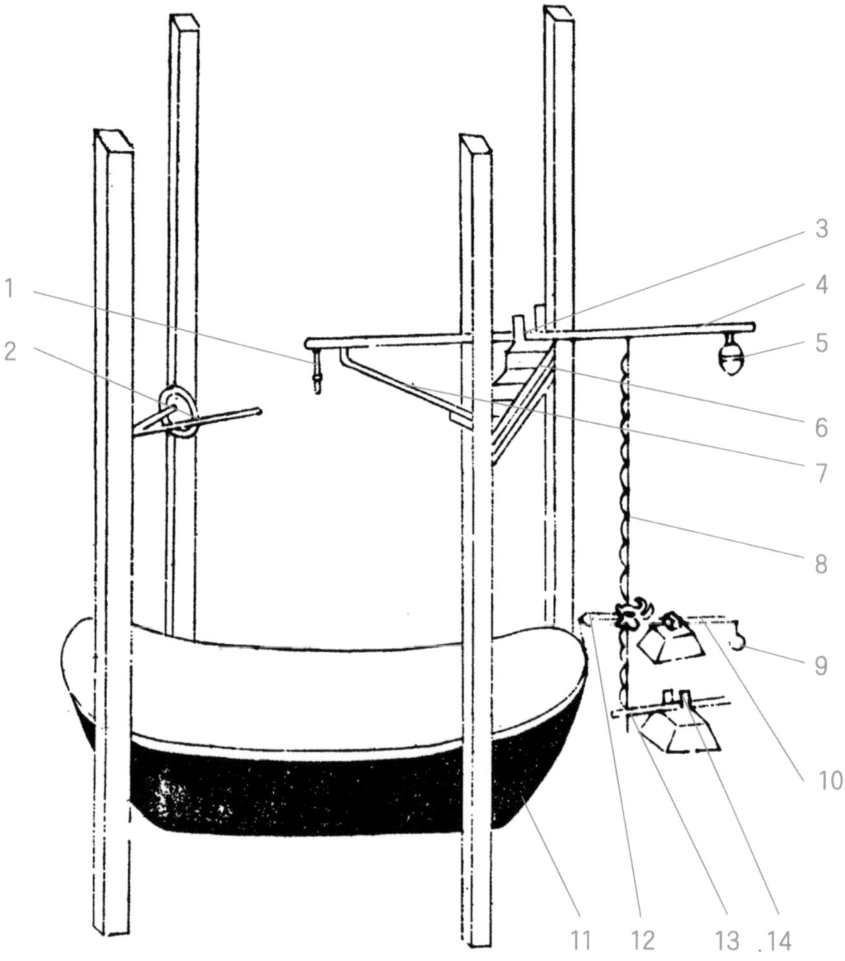

1. 天关； 2. 右天锁；
3. 驼峰； 4. 天衡； 5. 天权； 6. 横桄； 7. 左天锁； 8. 天条； 9. 枢权； 10. 枢衡；
11. 退水壶； 12. 格叉； 13. 关舌； 14. 关轴

图 4-3-3

水运仪象台的天衡机构 · 《新仪象法要》

《新仪象法要》卷下描述："天衡一，在枢轮之上中为铁关轴于东天柱间横桄上，为驰峰。植两铁颊以贯其轴，常使转动。天权一，挂于天衡尾；天关一，挂于脑。天条一（即铁鹤膝也），缀于权里右垂（长短随枢轮高下）。天衡关舌一，末为铁关轴，寄安于平水壶架南北桄上，常使转动，首缀于天条，舌动则关起。左右天锁各一，末皆为关轴，寄安左右天柱横桄上，东西相对以拒枢轮之辐。"

图 4-3-4

颜鸿森与林聪益型水轮秤漏装置

说明 2001 年，颜鸿森与林聪益基于古机械复原设计法，以不同的设计规格与需求，合成出的水轮秤漏装置的其中一种可行设计。此图为原比例复原建置（图 4-3-4）。

定时秤漏装置是采用反复累积能量、定时释放能量的方式，可调节二级浮箭漏均匀地流速，以控制秤漏的周期摆动频率，使水轮杠杆擒纵机构保持精确与规律性的间歇运动，达到准确计时目的。《新仪象法要》记录其运动方式如下："水运之制始下壶，……天池水南出渴乌，注入平水壶；由渴乌西注，入枢轮受水壶。受水壶之东与铁枢横格叉相对，格叉以距受水壶。壶虚，即为格叉所格，所以能受水。水实，即格叉不能胜壶，故格叉落，格叉落即壶侧铁拨击开天衡关舌，擎动天条；天条动，则天衡起，发动天衡关；左天锁开，即放枢轮一辐过；一辐过，即枢轮动。……已上枢轮一辐过，则左天锁即天关开；左天锁即天关开，则一受水壶落入退水壶；一壶落，则关、锁再拒退水壶，由下窍北流入生水下壶。再动河车运水入上水壶，周而复始。"

由于水运仪象台之水轮秤漏装置的功能与构造有点复杂，我们整理它的基本组成与功能如右图所示，让大家可以容易了解这厉害的擒纵调速器！

水轮秤漏装置的组成与功能

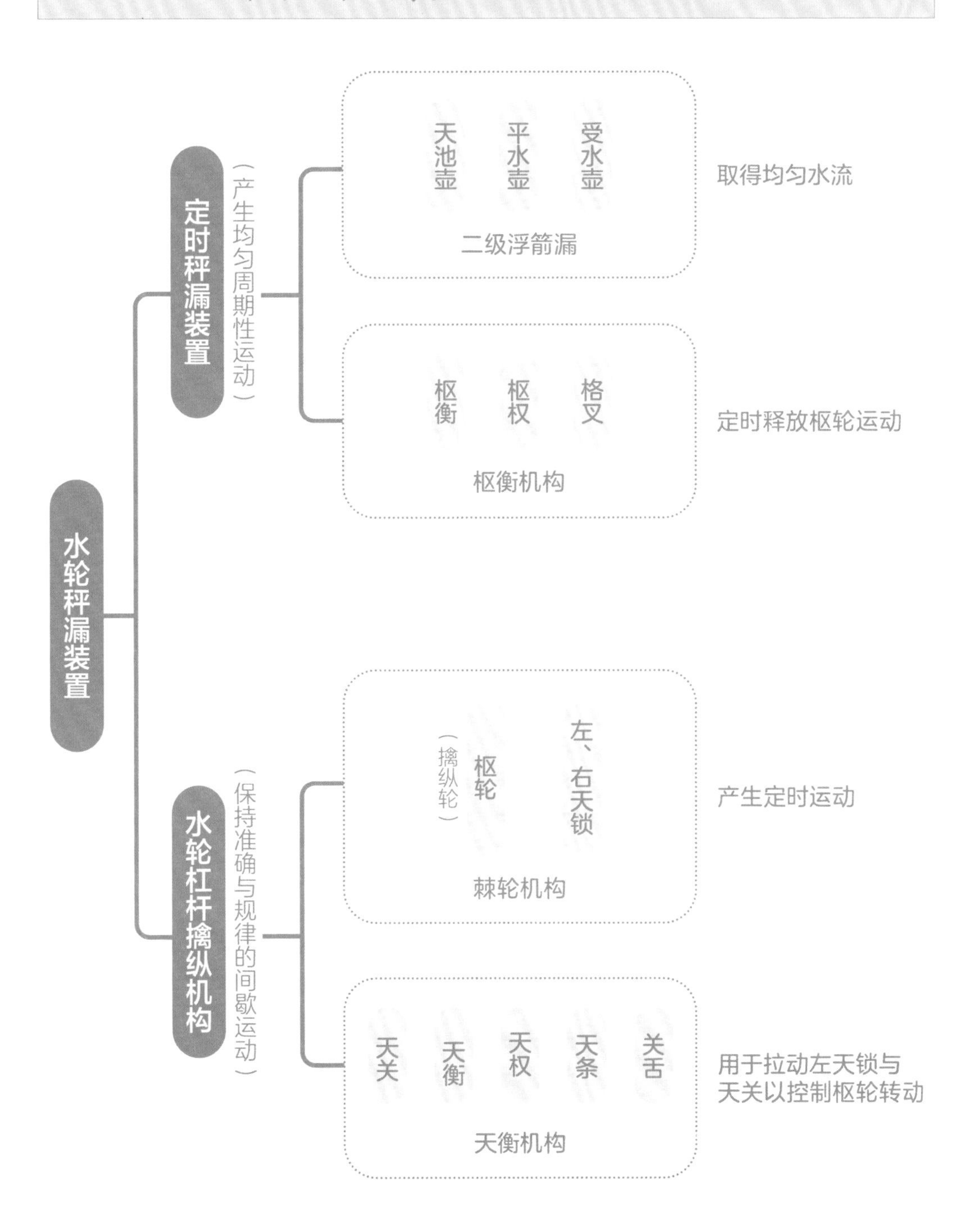

我们现在想象一下，把一格的枢轮运动想象成“滴答”一次，接着我们将运转调成慢速播放的模式，再看一次擒纵器，是如何使整部天文计时仪器运作的。

首先，大家看图 4-3-5 的右边有河车，这是由人力操作的，打水人搬动河车，使河车带动两级的升水轮，将水打到高处。然后参考图 4-3-1，水经过天河、天池壶，来到平水壶，再由渴乌注入枢轮上的受水壶，渴乌即虹吸管。当枢轮不转动的时候，圆周上有一个凸出的部分会架在格叉上，当水进到受水壶里面达到一定重量时，就会启动一连串的机械运动，格叉会因重力增大而下降，撞向关舌，使关舌下降，关舌和天条连接，下降的关舌会透过天条和天衡，使天关和右天锁被提起。此时，枢轮在满水的受水壶驱动下，使枢轮顺时针方向前进一格，转过一壶之后，格叉所承受的重力解除，关舌和格叉等受枢权和枢衡影响又上升，或是回到原本的位置。同时，右天锁也因自身的重量落下，枢轮再次被卡住，左天锁也回到原位，防止枢轮倒转，完成一次作动。

▶

图 4-3-5

水运仪象台复原透视图

【《中国机械工程发明史》，第二编，431 页】

我们都知道现代钟表“滴答”一次的时间是一秒，但有人知道枢轮完成一次作动，也就是一个受水壶转到下一个壶之间的时间是多少吗？要探讨这个问题，就需要先了解宋朝的时间制度。当时是把每日分成 12 个相等的时辰，并分为 100 刻，每一刻相当于现代时间 14 分 24 秒，共 864 秒（24 小时 × 60 分 × 60 秒 /100 刻 =864 秒）。苏颂团队为了方便观察与计时，把枢轮完整转一圈的时间设计成刚好 1 刻的

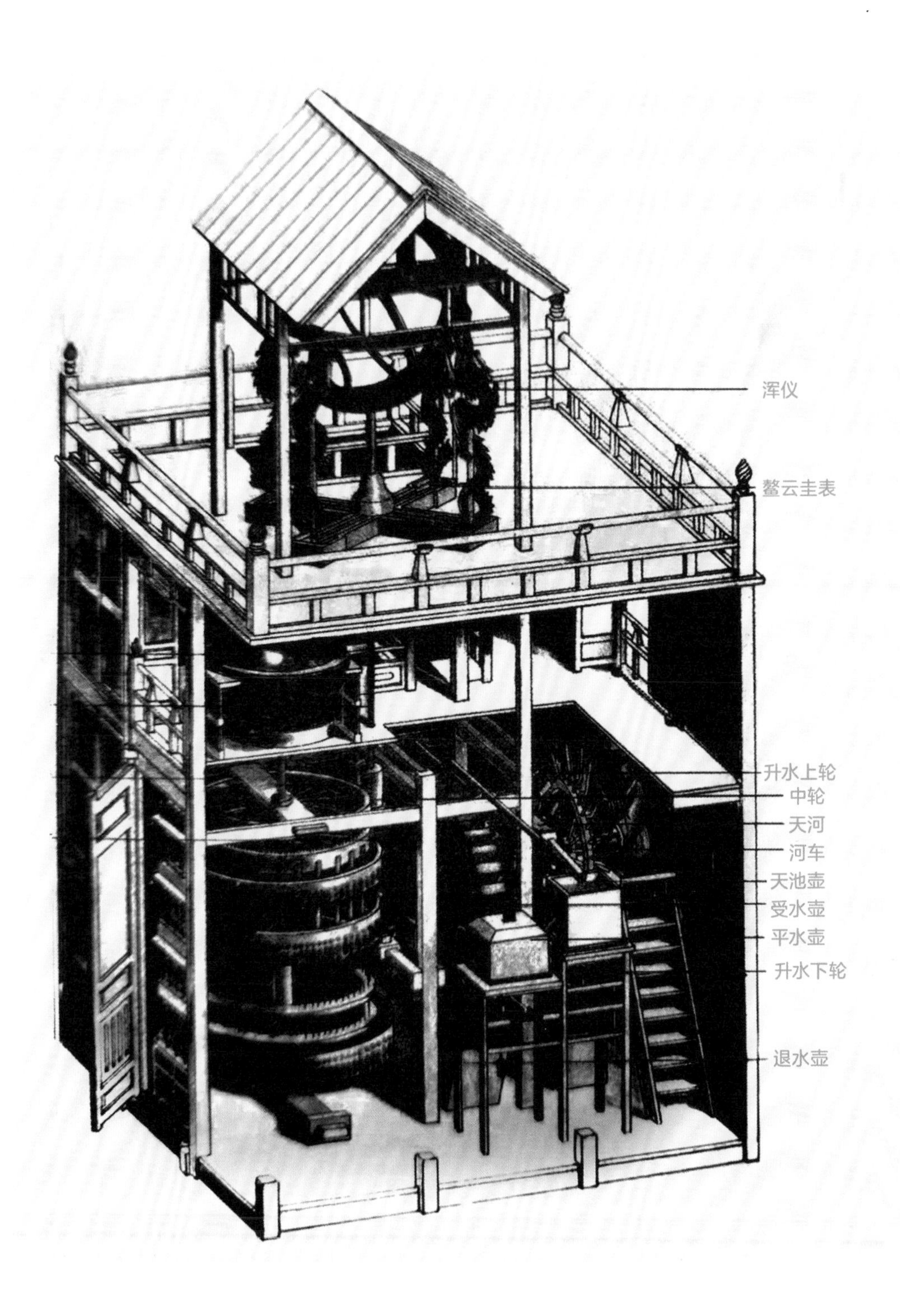
浑仪
鳌云圭表
升水上轮
中轮
天河
河车
天池壶
受水壶
平水壶
升水下轮
退水壶

时间，枢轮上共有 36 个受水壶，所以转动一壶的时间为 864/36=24 秒。要让每一壶转动的时间皆为 24 秒，这中间涉及了渴乌注水入受水壶的稳定度，以及枢衡机构、天衡机构、棘轮机构三者之间的杠杆原理与力学平衡的问题。看到这里，不得不再次赞叹水轮秤漏装置的巧妙设计与精密组装，才能造就如此强大的计时功能。

枢轮透过铁枢轴与地毂和地轮连接，再透过主传动轴天柱（图 4-3-6）驱动两组部件，其一是拨牙机轮，并由此带动报时系统的五层木阁；其二是由天梯（图 2-7-5）带动齿轮箱里的三个小齿轮，将动力传到平台上的浑仪，就这样周而复始，“滴答滴答”带动了整座天文钟的运动。

图 4-3-6

天柱·《新仪象法要》

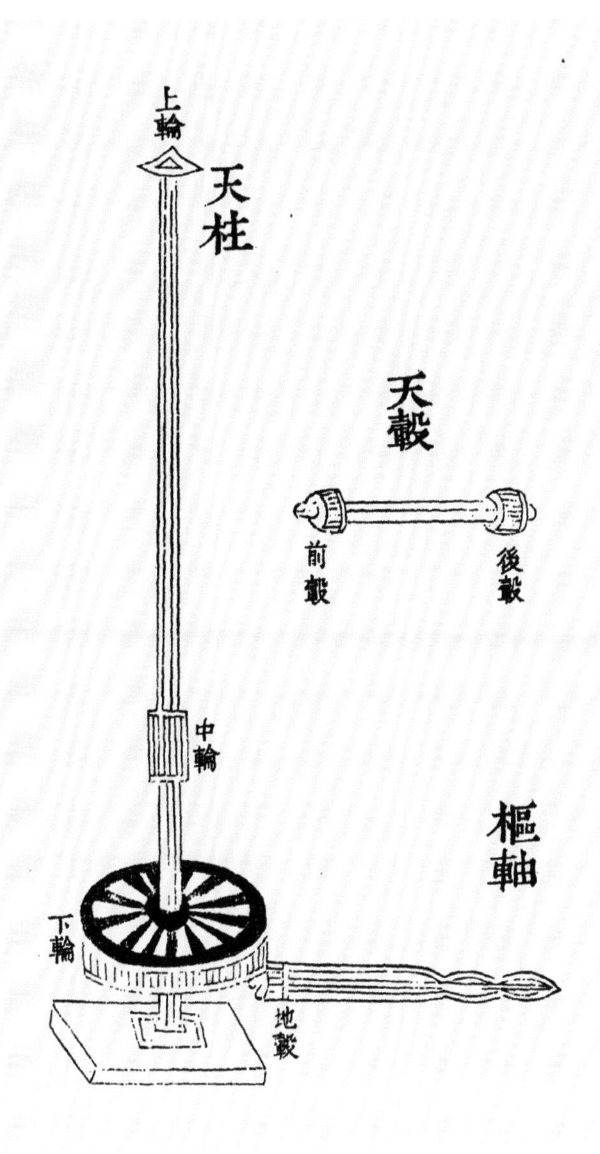
上輪
天柱
天轂
前轂
後轂
中輪
樞軸
下輪
地轂

水运仪象台密码

古今中外的机械钟表，大抵是由动力装置、振荡装置、擒纵机构、传动机构、显时装置五个部分所组成。其中，擒纵调速器由振荡装置与擒纵机构组成，是机械钟表的关键技术，决定了机械钟表的计时精确度。

中国古代擒纵调速器的发展，是建立在对漏刻与杠杆技术的掌握之上，不但起源早，而且运用得非常普遍。历代的漏刻，在形式、构造及精确度方面都有新的进展。漏刻是中国古代主要的定时器，利用漏壶输出均匀的水流，以箭尺来计时，在形制构造上以浮漏与秤漏为主，亦有为改善水漏缺点的水银漏与沙漏。杠杆机构的研制丰富多样，以桔槔与衡器为代表，如第二章所述。

水运仪象台的运动，是由定时秤漏装置与水轮杠杆擒纵机构所组成的擒纵调速器所控制。定时秤漏装置可以保持二级浮箭漏均匀的流速，以控制秤漏的周期摆动频率，使水轮杠杆擒纵机构保持精确与规律性的间歇运动，使昼夜机轮均时地日转一周。拨牙机轮的齿数设计有很高深的学问，因为它涉及整体的计时精度、昼夜机轮之凸轮拨击装置的程序设计以及司辰木人出报顺序的问题。这座天文台的拨牙机轮有六百牙距，日转一周，运行一昼夜百刻共 6 000 分，所以拨牙机轮每转一牙距为 10 分，六牙距为一刻，即读数精度为 10 分，相当于 144 秒，也就是说水运仪象台每天 24 小时的误差大约 100 秒，这实在是非常惊人的准确度，领先西方机械钟数百年。

根据漏刻制度的使用，夜漏箭轮乃是一个数据库，其上置有六十一支更筹箭。由于夜间更点制为一个浮动计时方式，会随着二十四时节气变化，且夜有长短，因此一年365.25日设有六十一支箭，约三日用一支箭（上下半年各用一次），箭的长短与夜的长短同比例，以利辨识。箭上主要是书写该箭所代表的时期与该时期的日出、日落的时刻，还有每更为几刻几分以及每筹为几刻几分。再者，夜漏金钲轮上的拨牙位置与夜漏司辰轮上的木人位置，可根据夜漏箭轮相对应的箭筹上资料，随节气更换，十分便利。古代漏刻制先后采用四十一支箭与四十八支箭，但是苏颂为了提升水运仪象台计时的精度，用了六十一支箭。由此可以看出苏颂的性格特质，他对于时间精度的要求以及希望展现水运仪象台的强大功能，这些做人与做事的态度都非常值得后人敬重和学习。

结语

苏颂的水运仪象台构造十分复杂，除在机械工艺技术上有很高的水平之外，更反映当时人们对于天文与计时的知识，苏颂等人的成就在历史上有不可磨灭的重要地位。特别是水轮秤漏擒纵器，远远超越了西方在天文钟上的发展，令人非常敬佩。虽然水运仪象台的实物没有流传下来，但有《新仪象法要》的文献资料，让后人可以得知这座天文计时仪器的巧妙之处。相信各位读者看完本章，对于这座巨大的天文钟有了更深入的了解，是不是觉得相当有趣又令人赞叹呢！

▶

图 4-5-1

《新仪象法要》相关讯息的记载 · 《四库全书》

说明 《新仪象法要》是一本记录水运仪象台的重要古籍文献，留给后人可以一探古人如何设计制造如此精良的天文仪器。而这本书一开始仅仅在北方流传，宋朝学者施元之（公元 1102—公元 1174，字德初，浙江湖州市人）1172 年在江苏印刷发行了这本书。明朝学者钱曾（公元 1629—公元 1699）藏有此书，他精心地影摹了一个新的版本。张海鹏（公元 1755—公元 1816）又将此书出版发行，几年后，钱熙祚（公元 1799—公元 1844 ）也大量印制此书。1871 年加入朝廷编辑的《四库全书》中（图 4-5-1）。

補訂古者九數惟九章周髀二書流傳最古故訛誤亦特甚然溯委窮源得其端緒固術數家之鴻寶也

新儀象法要三卷 内府藏本

宋蘇頌撰頌字子容南安人徙居丹徒慶歷二年進士官至右僕射兼中書門下侍郎累爵趙郡公事蹟具宋史本傳是書爲重修渾儀而作事在元祐間而尤袤遂初堂書目稱爲紹聖儀象法要宋藝文志有儀象法要一卷亦注云紹聖中編蓋其

書成於紹聖初也案本傳稱時别製渾儀命頌提舉頌既邃於律算以吏部令史韓公廉有巧思奏用之授以古法爲臺三層上設渾儀中設渾象下設司辰貫以一機激水轉輪不假人力時至刻臨則司辰出告星辰躔度所次占候測驗不差晷刻晝夜晦明皆可推見前此未有也葉夢得石林燕語亦謂頌所修制造之精遠出前古其學略授冬官正袁惟幾今其法蘇氏子孫亦不傳云云案書中有官局生袁惟幾之名與燕語所記相合其説可信知宋時固甚重之矣書首列進狀一首上卷自渾儀至水趺共十七圖中卷自渾象至冬至曉中星圖共十八圖下卷自儀象臺至渾儀圭表共二十五圖圖後各有説蓋當時奉勅撰進者其列璣衡制度候視法式甚爲詳悉南宋以後流傳甚稀此本爲明錢曾所藏後有乾道壬辰九月九日吳興施元之刻本於三衢坐嘯齋字兩行蓋從宋槧影摹者元之字德初官至司諫嘗注蘇詩行世此書卷末天運輪等四圖及各條所附一本云云

皆元之據别本補入校核殊精而曾所抄尤極工緻其撰讀書敏求記載入是書自稱圖樣界畫不爽毫髮凡數月而後成楮墨精妙絶倫不數宋本良非誇語也我

朝儀器精密度越千古頌所創造固無足輕重而一時講求制作之意頗有足備參考者且流傳秘冊閱數百年而摹繪如新是固宜爲寶貴矣

六經天文編二卷 直隸總督採進本

宋王應麟撰應麟有鄭氏周易注已著錄是編裒

第五章 PART 5

指南车

谈到“指南车”，一般人就会跟中国四大发明之一的“指南针”联想在一起，但其实这两者是截然不同的东西。“指南车”是利用齿轮让木车上的小木人手指永远指向南方，与磁性完全无关。相反地，“指南针”是利用磁体的指极性制作的。虽然有历史文献记载了指南车的发明，也有关于指南车的传说故事，但是没有实物传世，然而，透过近现代专家学者的努力，复原出一些不同类型的指南车。

在本章中，首先介绍指南车的传说故事与历史发展，接着分析指南车的设计原理，让大家对指南车有基本的认识，最后说明专家学者们的复原成果。中国科学技术史权威李约瑟（Joseph T. M. Needham）博士认为指南车是世界上第一个自动控制系统，到底是什么样的机械构造，可以让指南车有这样神奇的功能，不论车身如何旋转，车上木人可以一直指向南方，让我们一起来看看。

传说故事

“指南车”，又称作“司南车”，是一种利用齿轮机构来辨认方向的机械装置，根据《西京杂记》中记载：“司南车，驾四，中道。”意思是古代帝王出巡时的驾车可以分为左边、中间、右边三行，中间的就是中道，也就是说天子大驾出巡的时候，都是以“指南车”为先导，从这里就可以看出“指南车”在古代拥有崇高的地位，那么“指南车”到底是由谁发明的呢？让我们继续看下去。

一、涿鹿之战

根据历史文献记载，最早发明指南车的是中华民族的始祖黄帝。《古今注》记载：“……指南车起于黄帝。与蚩尤作战于涿鹿之野，蚩尤作大雾，士兵皆迷路，于是作指南车以示四方，遂擒蚩尤……”黄帝在涿鹿之战中，为了让士兵辨识方向，因此发明了指南车。

所谓“涿鹿之战”是指大约四千多年前，中国黄河、长江流域一带住着许多族群和部落，黄帝是最有名的一位部落首领。在黄河中下游，有一个以蚩尤为首领的九黎部族，族人不仅十分强悍、凶猛，还对黄帝心怀怨恨，不愿服从黄帝的指挥；有一年蚩尤带领九黎族进入中原，与以黄帝为首的部落发生了冲突，这两股大势力为争夺适于牧猎和浅耕的地带，在今天的河南、河北、山东交界地带相遇，并于涿鹿之野（今河北省涿鹿县）展开长期征战。

图 5-1-1

涿鹿之战· 示意图

《太平御览》卷十五记载：“黄帝与蚩尤战于涿鹿之野。蚩尤作大雾弥三日，军人皆惑。黄帝乃令风后法斗机作指南车，以别四方，遂擒蚩尤。”涿鹿之战时，蚩尤利用浓雾，使黄帝的部队迷路，黄帝为了克服雾中作战的困难，找来宰相风后帮忙想办法，于是风后就发明了“指南车”来指示方向，“指南车”上放着一个木头做的小木人，小木人的手永远指着南方，在浓雾中士兵们靠着“指南车”指引方向，打败蚩尤，获得最后的胜利。此故事告诉我们：清楚地辨别地理方向，是非常重要的一件事，尤其是在打仗的时候。

二、周公发明

另一则传说是周公发明了指南车。根据《尚书大传·归禾》：“交趾之南，有越裳国。周公居摄六年，制礼作乐，天下和平，越裳以三象重九译而献白雉曰：道路悠远，山川阻深恐使之不通，故九译而朝。”《古今注》：“周公致太平，越裳氏重译来献，使者迷其归路，周公赐軿车五乘，皆为司南（车）之制。”西周周公摄政之时，中国南方有一个越裳氏的部族，有天越裳国使者带着礼物要前往西周朝贡，但回程的时候，周公担心越裳国的使臣在回程时迷路，便给了越裳国的使者五辆司南车，也就是指南车，让他们可以顺利返回自己的国家。

谁发明指南车

关于指南车，据传说在黄帝与西周时期就已发明，但是黄帝与周公发明指南车的记载并非正史，实在没有足够的证据支持这些论述。再者，指南车一定需要用到齿轮，黄帝与周公的年代应该还没有齿轮机构的发明和应用。

关于记载指南车的历史文献，最重要的一段是约公元 500 年成书的《宋书》中，内容除了提到周公制造指南车为使者指引方向，让他们顺利回家之外，也介绍几个发明指南车的故事。东汉张衡设计制造了指南车，但由于东汉灭亡时的兵荒马乱而没有保存下来。魏国（三国时期）的著名学者高堂隆与秦朗，他们曾在御前大谈阔论，说没有指南车这种发明，历史故事都是胡说八道的。但在青龙年间（公元 233—公元 237）魏明帝下令马钧制造一辆指南车，马钧按时完成了工作（图 5-2-1、图 5-2-2），然而这辆车又在晋朝建立的战乱之中遗失了踪迹。后来匈奴后赵王朝的皇帝石虎（在位期间公元 334—公元 349）让皇家御库房管理官（尚方令）解飞做了一辆。之后羌族后秦王朝的皇帝姚兴（在位期间公元 396—公元 416）也让令狐生制造一辆指南车，这辆车在公元 417 年被晋安帝夺走了，最后又落在刘宋武帝刘裕（在位期间公元 420—公元 422）手中。

图 5-2-1

马钧【魏晋时期】

字德衡，魏晋时期扶风（今陕西省兴平市）人，是中国古代科技史上最负盛名的机械发明家之一。最突出的表现有还原指南车；改进当时操作笨重的织绫机；发明一种由低处向高地引水的龙骨水车；制作出一种轮转式发石机，能连续发射石块，远至数百步；把木制原动轮装于木偶下面，叫作“水转百戏图”。此后，马钧还改制了诸葛连弩，对科学发展和技术进步做出了贡献。

〔三〕宋書卷十一律志序作「然後知夔爲精，於是罪玉及諸子，皆爲養馬主」。潘眉曰：「當從宋志作然後。」

〔四〕陳景雲曰：「左願當作左騏，見繁欽與魏文帝牋。文選李善、呂向注引夔傳，並與牋合。善又云：騏與顛同音。由善注觀之，夔傳此字本作騏，當是後來傳録者易爲顛，而作願者，又顛之轉訛也。」趙一清説同。

〔五〕或曰：藝事乃能守正如此，學道君子，未免愧之。

弟子河南邵登、張泰、桑馥，各至太樂丞，〔一〕下邳陳頏，司律中郎將。自左延年等雖妙於音，咸善鄭聲，其好古存正莫及夔。〔二〕

時有扶風馬鈞，巧思絶世。傅玄序之曰：〔三〕馬先生，〔四〕天下之名巧也。少而游豫，不自知其爲巧也。當此之時，言不及巧，焉可以言知乎？爲博士居貧，乃思綾機之變，〔五〕不言而世人知其巧矣。舊綾機五十綜者五十躡，〔六〕六十綜者六十躡。先生患其喪功費日，〔七〕乃皆易以十二躡。其奇文異變，因感而作者，猶自然之成形，陰陽之無窮，此輪、扁之封不可以言言者，又焉可以言校也。先生爲給事中，〔八〕與常侍高堂隆、驍騎將軍秦朗爭論於朝，言及指南車，〔九〕二子謂古無指南車，記言之虚也。先生曰：古有之，未之思耳，夫何遠之有！二子哂之曰：「先生名鈞，字德衡。鈞者，器之模；而衡者，所以定物之輕重。輕重無準，而莫不模哉！」先生曰：「空爭虚言，〔一〇〕不如試之易效也。」於是二子遂以白明帝，詔先生作之，而指南車成。此一異也，又不可以言者也，從是天下服其巧矣。居京都，城内有地，可以爲園，〔一一〕患無水以灌之。〔一二〕乃作翻車，〔一三〕令兒童轉之，〔一四〕而灌水自覆，更入更出，其巧百倍於常。〔一五〕此二異也。其後人有上百戲者，能設而不能動也。帝以問先生：「可動否？」對曰：「可動。」帝曰：其巧可益否？對曰：可益。受詔作之。以大木彫構，〔一六〕使其形若輪，平地施之，潛以水發焉。

图 5-2-2

马钧制造指南车相关讯息的记载·《三国志·魏书》

说明 一般认为三国时期魏国人马钧是第一个成功制造出具有实际功能指南车的人。《三国志·魏书·卷二十九》记载当时担任给事中的马钧，某日与高堂隆和秦朗谈到指南车而起争执，马钧认为指南车确实存在，后两者认为指南车的发明是不可能的，而且还以马钧的名字开玩笑。马钧回应空口争论无益，不如实际制作出来。高堂隆与秦朗将争论之事禀报魏明帝，明帝下令马钧制作指南车，不久后，杰出的机械设计工程师马钧，果然按时成功研制出指南车。这个记载非常有趣，故事情节也是高潮迭起。

解飞与令狐生都不是特别擅长机械设计制造的专家，虽然号称造出指南车，但功能还是有些问题，小木人的手常常不能指向南方，需要有个人躲在车里面调整方向。著名的数学家与工程师祖冲之常说要造一辆真正自动且准确的指南车，于是在昇明年间（公元 477—公元 479），南朝宋顺帝刘凖在齐王萧道成辅政期间，命令祖冲之按古时规则重新制作一辆，完成后还进行测试，由于这辆车制造工艺十分精细，虽然转来转去测试数百回，小木人的手还是从来没有偏离南方。另外，《南齐书》也提到祖冲之造的这辆指南车，说还是自马钧之后从未有过的事（图 5-2-3）。还有文献提到在 7 世纪时，指南车也曾经传播到日本，有两位可能来自中国的僧人，在公元 658—公元 666 年为日本皇帝制造了指南车。

图 5-2-3

祖冲之制造指南车相关讯息的记载·《南齐书·祖冲之传》

说明 《南齐书》的记载非常写实地说明指南车是不容易制造的，常常是只能做好车子的外形，要达到实际功能则需有人躲入车内才能完成。文献中也再度提到马钧与祖冲之设计制造出指南车的事迹。

妙之准不辭積累以成永定之製非為思而莫知悟而弗改也若所上萬一可採伏願頒宣羣司賜垂詳究事奏孝武令朝士善歷者難之不能屈會帝崩不施行出為婁縣令轉謁者僕射初宋武平關中得姚興指南車有外形而無機巧每行使人於内轉之昇明中太祖輔政使沖之追修古法沖之改造銅機圓轉不窮而司方如一馬鈞以來未有也時有北人索馭驎者亦云能造指南車太祖使與沖之各造使於樂遊苑對共校試而頗

《宋史》是另一本研究指南车的重要古籍文献，详细记载了燕肃在1027年及吴德仁在1107年制造指南车的方法。有关燕肃的部分，书中提到仁宗皇帝天圣五年（公元1027），工部郎中燕肃制造一辆指南车。燕肃上书皇帝说明经历五代之久，直到本朝，据我所知没有人能制造这样的车，但是现在我自己发明了一种设计方法，并成功制造出来。朝廷也把燕肃的设计方法发布给相关官员们，以利后续制造指南车。书中有关吴德仁制造指南车的叙述则是在大观元年（公元1107），内侍省吴德仁奉献指南车与记里鼓车的设计规范说明书，两辆车都已完成制作，并在当年的宗祀大典中正式启用。

指南车起初用于军事方面，后来逐渐变成皇帝出巡的护航车队，因为是皇帝所用，车身高大，装饰华丽，甚至还雕刻金龙与仙人；此外，指南车的尺寸也越做越大，随行的护卫士人数也越来越多，目的是展示皇帝的政权与威望。但自元朝（公元1206—公元1368）之后，便不见指南车研制成功的相关记载。从古籍记载还可得知，由于指南车特殊的作用与地位，一旦前朝灭亡后，指南车也随之毁坏，出现屡制屡废的情况，更因为指南车的内部设计常被视为重要机密，也使得古籍文献较少完整记录指南车制作方法。

明朝（公元1368—公元1644）王圻在1607年所编辑的《三才图会》中，有一幅指南车的图（图5-2-4），但是这幅图上没有轮子，文字也没有说明设计原理，由于磁针在明朝已有相当广泛的应用，所以推测此装置可能是内部装有指示南北方向磁针的玩具。

指南車圖

右車飾以黍尺度高一尺四寸二分下長七寸四分輨木口圓徑三寸七分管立木口圓徑三寸四分琢玉爲人形手常指南足底通圓竅作旋轉軸踏於崑尨之上延祐中獲覩於姚牧菴承旨處玉色微黄赤紺古色包轉間亦有土花斵鉅處按崔豹古今註指南車黄帝作

图 5-2-4

指南车·《三才图会》

根据上文的叙述，我们来归纳梳理一下历史上有谁制造出实用的指南车。东汉的张衡或许最早制造出指南车，但是文献资料不足，虽然张衡在机械设计与制造方面是专家，但是否实际造出有实用功能的指南车，证据相对不足。三国时期的马钧在许多古籍中都有成功造出指南车的记载，加上马钧具有机械设计制造的才能，应是首位成功造出指南车之人。祖冲之主要成就在数学、天文历法和机械制造三个领域，加上史料叙述也较完整，应该也成功制造出指南车。燕肃与吴德仁两位高手，提供详细的指南车做法说明书，虽然没有像《新仪象法要》中介绍水运仪象台般的图文并茂，但根据史料翔实记载有关指南车的制作方法及其后续的应用与推广情况，这两位应该确实制造出指南车。

还有一个有趣的现象值得跟大家交流，那就是中国各个朝代所出现的指南车，似乎都是独立发明的，这样的情况并不像现代的机械发明一样，大概都是经由一个既有设计逐步改进的。可惜的是所有指南车的实物，皆在朝代更替之际损毁或遗失，直至目前，没有发现相关的实体或考古文物，也没有任何关于指南车内部机构的明确记载。因此，中国古代指南车的机构构造并不确定，其发明仍然是个谜，属于有凭无据的古机械。

与张衡的候风地动仪一样，指南车的历史文献资料只有文字叙述，没有整体或零组件的图形可以协助理解指南车的内部机械构造。推测指南车的原理是一部由人或畜力拉动的双轮独辕车，车厢上装有一个指臂的小木人。车厢内部装有可以自动离合的齿轮系，当车身转变方向时，车轮随之转动，此时，借由齿轮系的作用，把车子转向的角度自动回补回来，使得车上木人的手指可以一直指向南方，基本作动原理如图 5-3-1 所示。原理看起来很简单，然而齿轮系的齿轮该如何设计与配置，尺寸与数量又该是多少，才能达成自动回补车子转动角度的功能，还是让许多专家学者伤透脑筋啊！

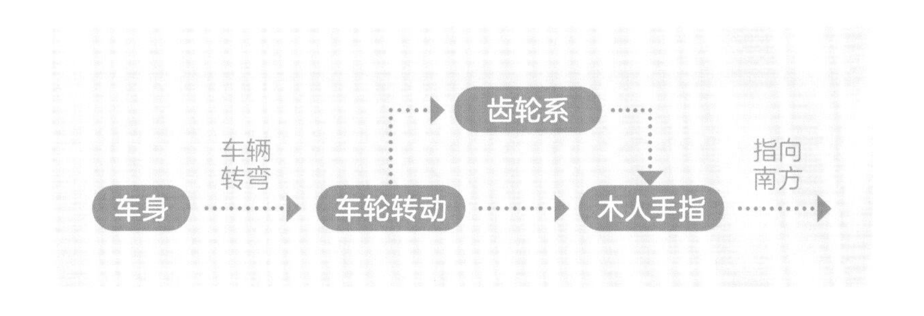

图 5-3-1

指南车基本作动原理

“齿轮”是最常见的机械组件之一，用来传递空间任意两轴间动力，齿轮的轮缘上有齿，能够连续啮合传递运动与动力，可实现改变转速与扭矩、改变运动方向、改变运动形式等功能，因此被广泛地运用在机械传动装置中。史料记载在秦汉时期已有齿轮机构的应用，如第二章提到的，许多农业机械与天文仪器都利用齿轮作为传动机构。

齿轮系是指由一连串的齿轮、摩擦轮或带轮所组成的传动系统，轮系按各齿轮轴线的位置是否固定，分为定轴轮系和周转轮系两大类，定轴轮系中又根据轴线是否平行，分为平面轮系和空间轮系；周转轮系又因转速可分为行星轮系与差动轮系（图 5-3-2）。

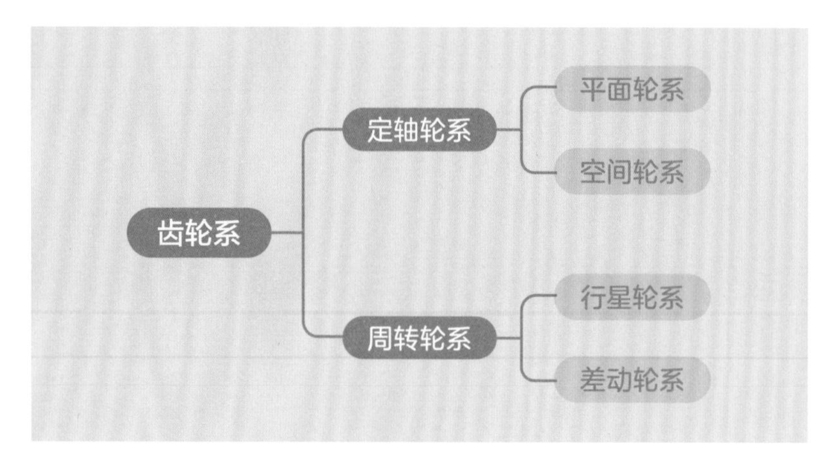

图 5-3-2

齿轮系类型

18 世纪后，学者们开始研究中国古代指南车的发明。起初，西方的学者误以为指南车就是指南针，认为指南车是透过内部磁针的操作。一直到 20 世纪初期，开始有西方学者注意到指南车与指南针是完全不同的原理与构造，认为指南车内部是以机械传动的方式作动，但是否真能达成指南的功能，仍是抱持怀疑的态度。1909 年，贾尔斯（H. A.Giles）把宋史中关于燕肃指南车的记载译成英文，但部分译文翻译错误，因此相关模型制作未能成功。1925 年，穆尔（A.C.Moule）重新翻译燕肃指南车的记载，终于成功复原宋朝的指南车，如图 5-3-3 所示。它是一个具有自动离合器的定轴轮系设计，当车移动且转向时，转轴拉动一个具有固定滑轮的绳索，控制小齿轮去调整位于中心的大齿轮与垂直齿轮。

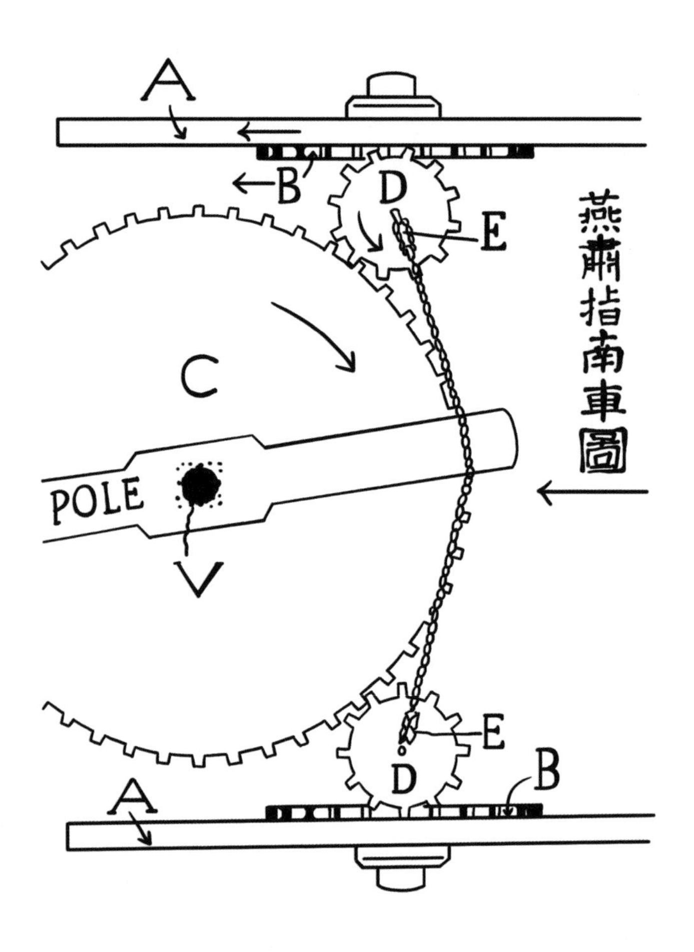

图 5-3-3

穆尔型燕肃指南车

1937 年，王振铎整理与分析中国古代的文献典籍，改良穆尔的设计，成功制作出指南车的模型，如图 5-3-4 所示。在穆尔的设计中，车辕在大平轮之上；王振铎则将车辕置于大平轮之下，而车辕与大平轮之间增设撑架，上可承托大平轮的平衡，下可支持车辕的作动。

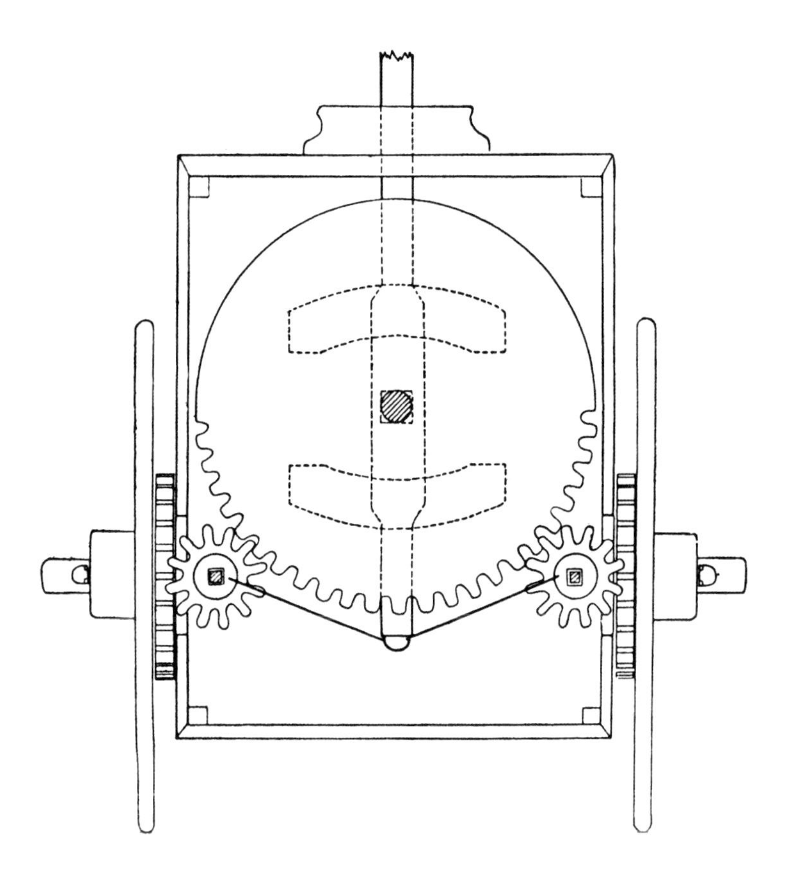

图 5-3-4

王振铎型燕肃指南车

大约 1924 年，英国学者戴科斯（K.T.Dykes）提出以差动轮系作为指南车设计的概念。戴科斯认为穆尔的复原设计操作不易且复杂，只有差动轮系可以具备容易控制且高准确性的优点。然而，戴科斯也承认，尚未有证据显示，中国古代具有差动轮系的理论。

1947 年，蓝切斯特（G.Lanchester）跳脱历史文献的框架，建构一架具有差动齿轮机构的指南车模型，如图 5-3-5 所示。他认为指南车的内部构造应是类似汽车的差动齿轮传动机构，转向时可允许一轮运转得比另一轮快速，这样才能达到指南的目的。然而，中国古代尚未发现差动齿轮系统的相关应用，这又让复原研究工作处于矛盾之中。

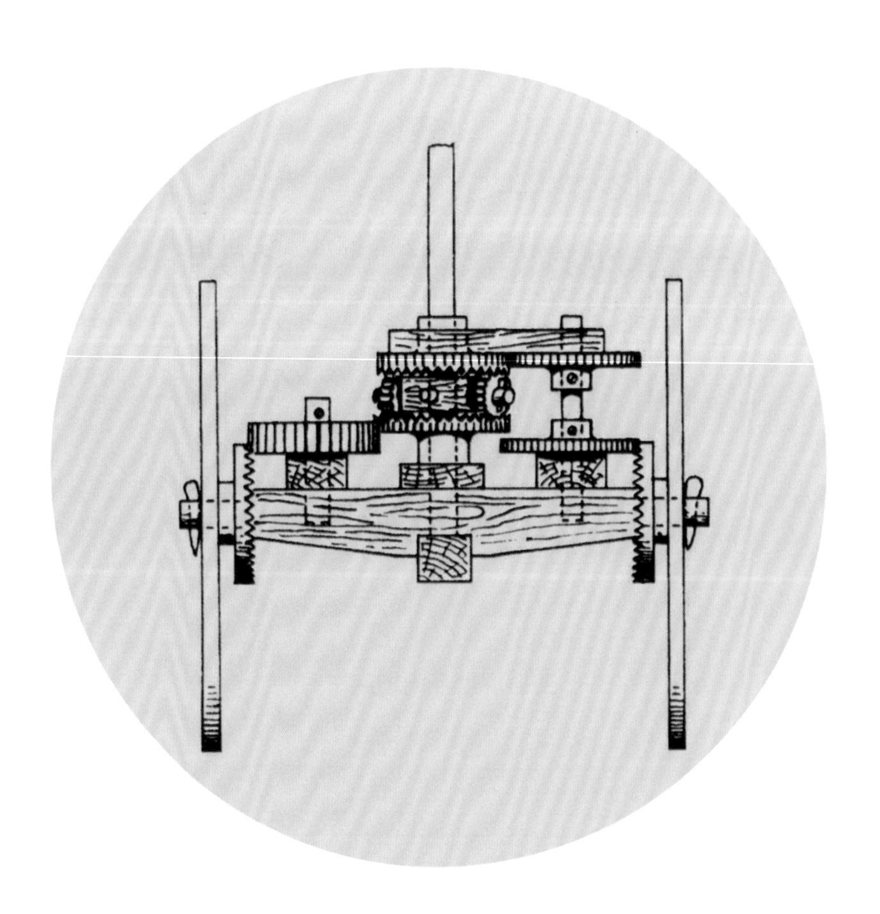

图 5-3-5

蓝切斯特型指南车

直到现代，指南车仍然吸引着许多学者的目光，针对指南车的内部构造进行了研究。过去数十年来，指南车的复原研究工作主要分为两大类型：一是强调以宋史记录为依据的指南车；二则是大胆假设中国古代时期，已经懂得利用差动轮系原理而制作的指南车。第一类只有王振铎根据宋史记载，成功地复原燕肃指南车；第二类则有许多学者各自设计具有不同机构的指南车，其机械组件类型包含齿轮、连杆、绳索与滑轮、摩擦轮等。

1962 年，刘仙洲认为鲍思贺提出的燕肃指南车，构造合理且合乎文献资料，如图 5-4-1 所示。

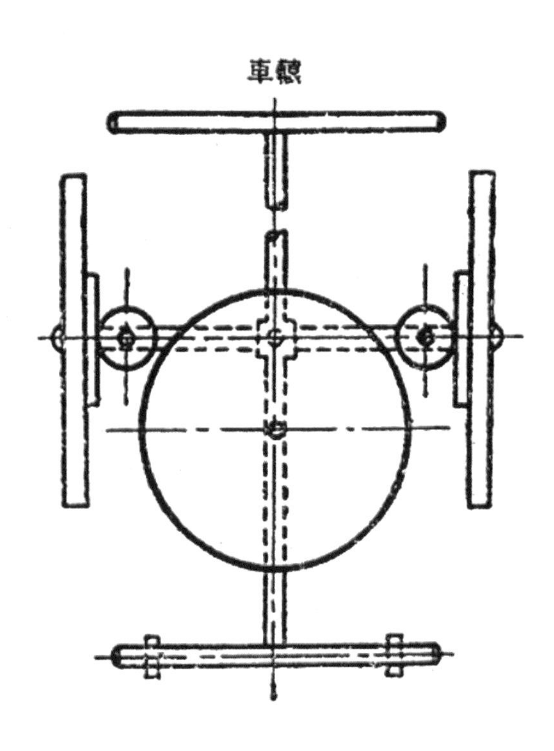

图 5-4-1

鲍思贺型燕肃指南车

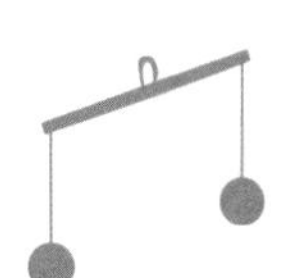

1977年，斯利斯维克（A.C.Sleeswyk）提出具有自动离合器、齿轮、棘轮、棘爪的定轴轮系指南车，如图5-4-2所示。车身转向时，棘爪与棘轮和齿轮啮合，经由杆件输出运动，该设计相当复杂，然而中国古代还没有或极少有这些机械组件的使用与记载。

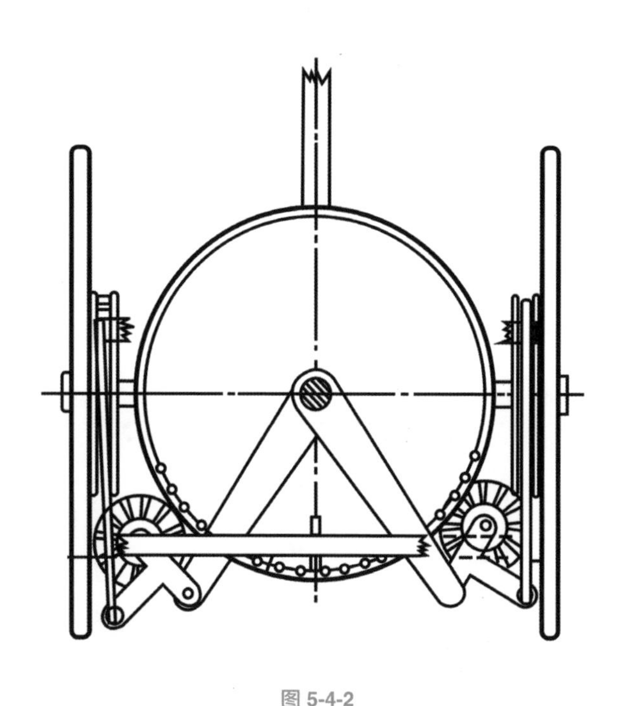

图 5-4-2

斯利斯维克型指南车

1994年，陆敬严根据历史文献与内部机构，将指南车分成定轴轮系指南车与差动轮系指南车两类。定轴轮系的指南车较接近宋史记载，但是较难确实控制木人方向。反之，差动轮系的指南车在性能与精确性方面，都优于定轴轮系指南车。然而，尚未有证据显示，中国古代有差速器的发明与应用，这个问题也一直引起许多的讨论与关注。

最近几年，有些学者不考虑历史文献的记载，提出基于差动轮系的一系列设计，此类设计具有定向准确、操作容易、机构简要等特性。

1979 年，卢志明提出三种指南车的设计，如图 5-4-3 所示；其中一种设计与蓝切斯特型相去不远。1982 年，颜志仁根据《宋书》关于祖冲之制作指南车的记载："其制甚精，百曲千回，未常移变……圆转不穷，而司方如一。"认为只有差动轮系的指南车才能够达成，并且发表两种差动轮系指南车图片说明，如图 5-4-4 所示。1986 年，杨衍宗设计两型指南车，如图 5-4-5 所示。1990 年，两角宗晴（M. Muneharu）与岸佐年（K. Satoshi）提出具有 16 个正齿轮的差动轮系指南车，如图 5-4-6 所示。1996 年，谢龙昌等人以行星轮系合成指南车的机构构造，如图 5-4-7 所示。1999 年，陈英俊设计一种利用绳索与摩擦轮传动的指南车，如图 5-4-8 所示。2006 年，颜鸿森与陈俊玮基于古机械复原设计法，以不同的设计规格与需求，合成出所有可能的指南车设计构型，图 5-4-9 所示为其中一种可行设计。

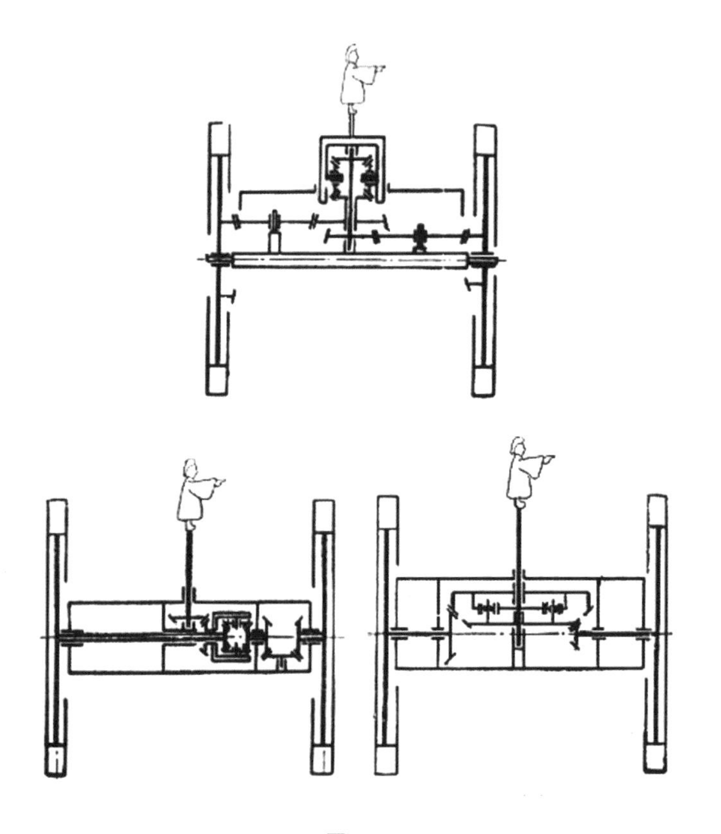

图 5-4-3

卢志明型指南车

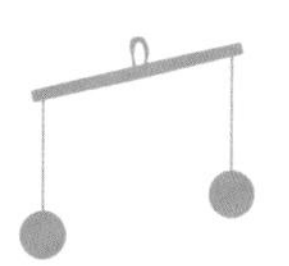

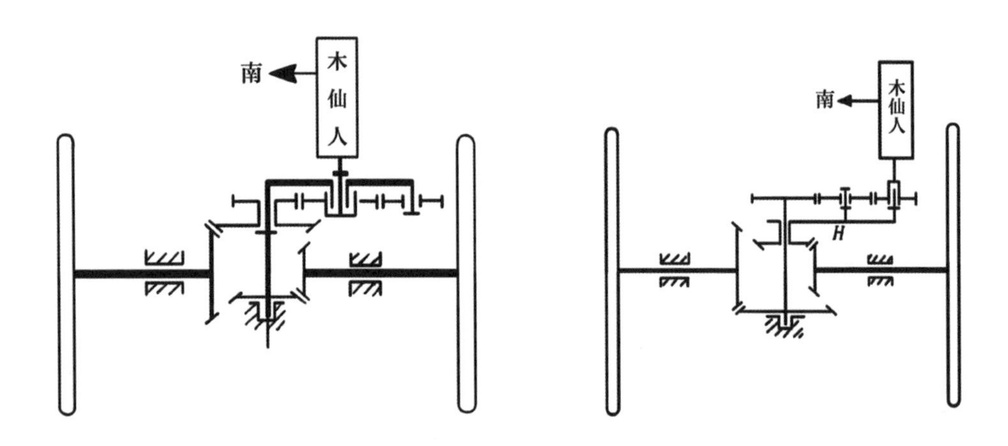

图 5-4-4

颜志仁型指南车

图 5-4-5

杨衍宗型指南车

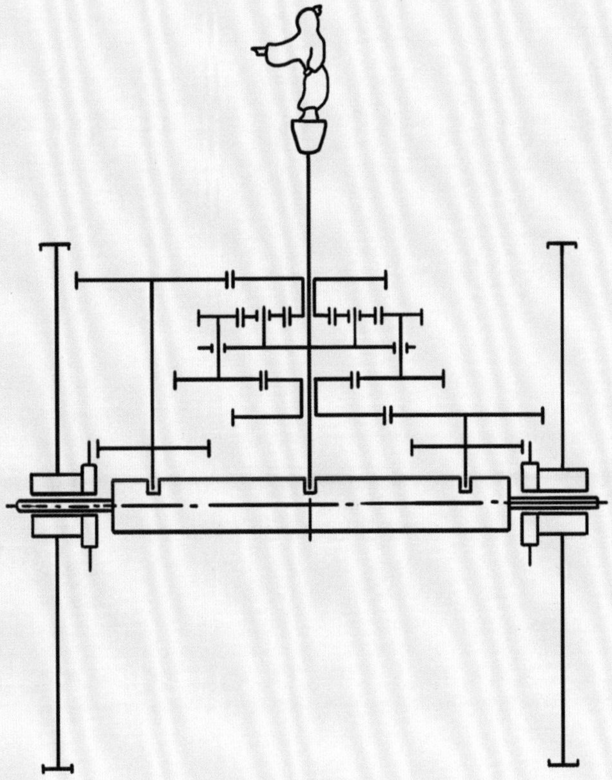

图 5-4-6

两角宗晴与岸佐年型指南车

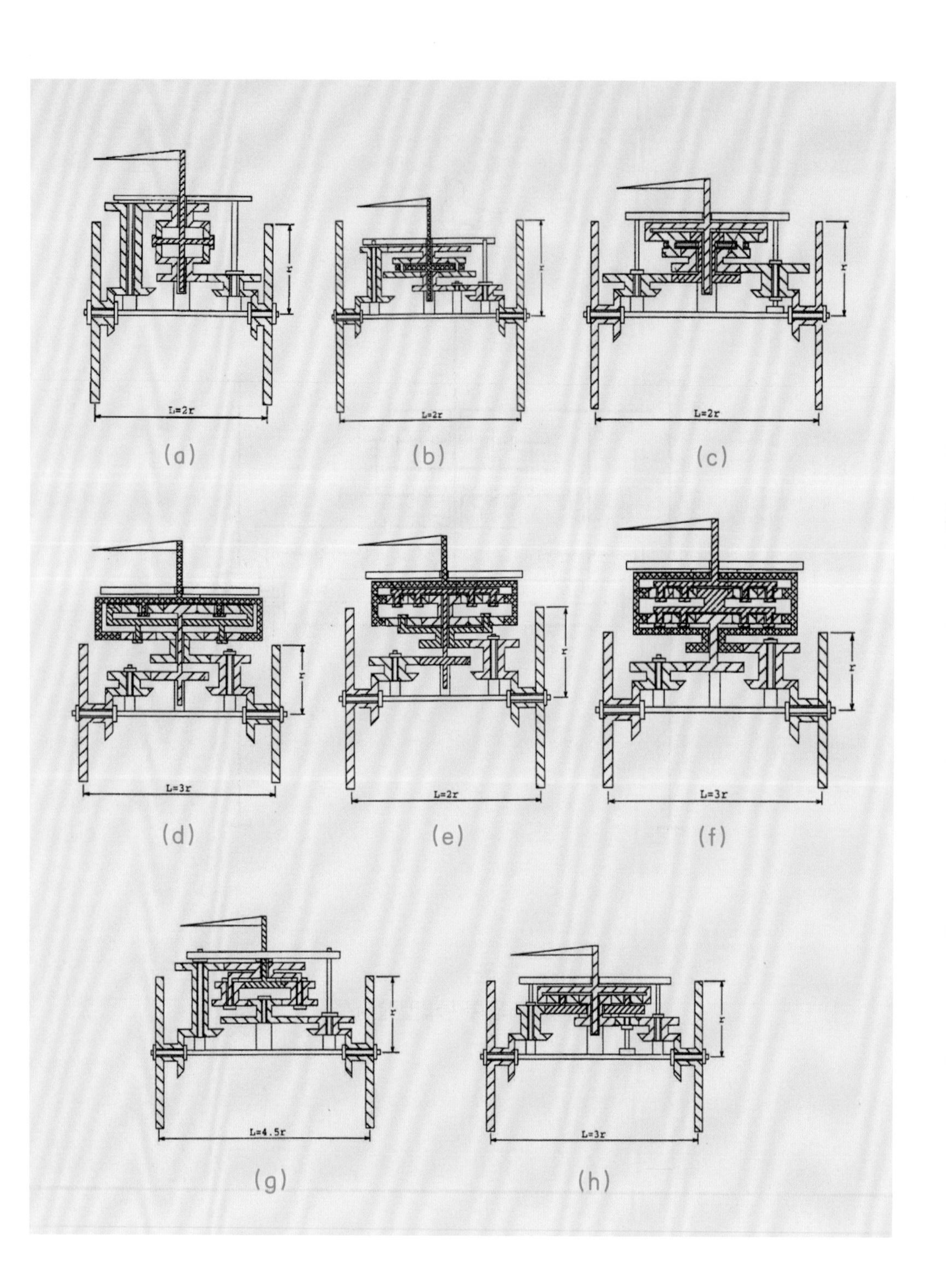

图 5-4-7

谢龙昌等型指南车

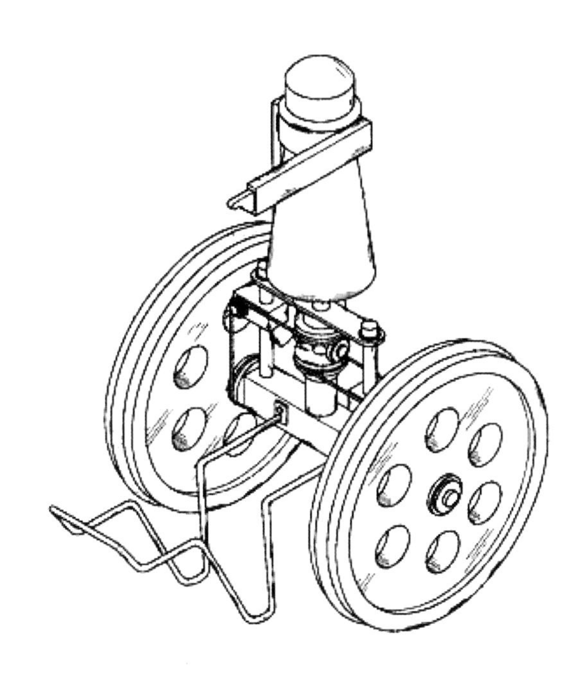

图 5-4-8

陈英俊型指南车

图 5-4-9

颜鸿森与陈俊玮型指南车

结语

“指南车”是中国古代的伟大发明之一，最早相传黄帝与周公皆有创制，黄帝因为发明了指南车，而在涿鹿之战中才能取得胜利，建立中华文化基础。但根据史料文献记载，三国时期（220—280 年）的马钧应该才是成功设计制造出指南车的第一人。而指南车内部机构的详细记载，则是到了宋代才有完整的叙述，但也没有任何实质物品被保存下来。直至 18 世纪，西方传教士来到中国传教，开始接触中华文化，指南车才又重新被欧洲学者注意，因而开启了一系列的考证研究与机构复原工作。

从机械原理上来看，“指南车”主要有定轴轮系与差动轮系两种学说，定轴轮系的指南车是依据古文而仿制，其原理是利用车身旋转时，齿轮间的自动离合来达到回馈修正以定方向的功能，但转弯时必须固定其中一个轮子并以车轮与地面之接触点为圆心旋转；而差动轮系指南车，利用左右两轮在转弯时所造成的速度差传递至输出轴，造成等同车身但反方向的旋转角度，主要是以指南车的功能面作为考量，不但操作上较为简易，而且定向准确、误差较小，就实际使用面向而言，差动轮系指南车优于定轴轮系指南车。

虽然传说故事大多都是不可考的，但透过古代人们口耳相传、开启智能与功能后的洞见，以及后续复原设计等种种特殊途径，这些故事又再次被世人所知道。事实上，流传于世界各地、各民族的神话故事与传说，都是保存于人类记忆中最珍贵的历史资料，其中也隐藏了许多伟大的知识和技术。

常言道：“鉴古证今，旧为今用，温故知新。”从古至今，随着人们的需求增加及科技材料的发展，机械的功能总是不断地变化演进；时至今日，若能应用现代的设计方法与制造技术，将古老巧妙的机械装置研究后再转化利用，不但可以学习前人设计开发的努力过程，更期待从中撷取巧思的创新构想，研发出更多富含创意的实用发明。

参考文献
References

[1] 张柏春 . 中国机械史研究的回顾与前瞻 [M]. 北京：机械工业出版社，1998：4–7.

[2] 陈全明，陆敬严，李金伯，等 . 复原研究技术的探索 // 第一届中日机械技术史国际会议论文集 [M]. 北京：机械工业出版社，1998：153–159.

[3] 陆敬严，虞红根 . 古代机械复原研究的几个理论问题 // 第二届中日机械技术史国际会议论文集 [M]. 北京：机械工业出版社，2000：57–61.

[4] 林聪益 . 古中国擒纵调速器之系统化复原设计 [D]. 台南：成功大学，2001.

[5] 刘仙洲 . 中国机械工程发明史：第一编 [M]. 北京：科学出版社，1962.

[6] 万迪棣 . 中国机械科技之发展 [M]. 台北：台湾文物供应社，1983.

[7] YAN H S.Technology of Ancient Chinese Machines and Mechanisms, A Tutorial at 2004 ASME International DETC & CIE Conferences, Salt Lake City, Utah, October 6, 2004.

[8] 林聪益，颜鸿森 . 古机械复原研究的方法与程序 [J]. 南宁：广西民族学院学报（自然科学版），2006，12（2）：37–42.

[9] 郑玄注，贾公彦疏，阮元校勘，周礼注疏 . 考工记：卷四十一 [M]. 台北：大化出版社 .1989.

[10] 葛洪 . 西京杂记 [M]. 台北：艺文出版社 .1970.

[11] YAN H S. The Beauty of Ancient Chinese Locks, Ancient Chinese Machines Cultural Foundation, Tainan, Taiwan, 2003.

[12] 王圻 . 三才图会 [M]. 台南：庄严文化事业公司，1995.

[13] HSIAO K H.On the Structural Analysis of Open-keyhole Puzzle Locks in Ancient China, Mech. Mach. Theory, 118, 2017，pp. 168-179.

[14] HSIAO K H.Structural Analysis of Traditional Chinese Hidden-keyhole Padlocks，Mech. Sci., 9, 2018, pp. 189-199.

[15] SHI K, HSIAO K H, ZHAO Y. "Structural Analysis of Ancient Chinese Wooden Locks. Mech. Mach. Theory, 146, pp. 1-13, 2020.

[16] HSIAO K H，YAN H S Structural Synthesis of Ancient Chinese Chu State Repeating Crossbow.Advances in Reconfigurable Mechanisms and Robots I, pp. 749-758, Springer, London, 2012.

[17] 曾公亮 . 武经总要 [M]. 上海：商务印书馆，1935.

[18] 苏颂 . 新仪象法要 [M]. 台北：台湾商务印书馆，1969.

[19] 王祯 . 王祯农书 [M]. 台北：台湾商务印书馆，1968.

[20] 宋应星 . 天工开物 [M]. 台北: 台湾商务印书馆, 1983.

[21] 沈子由 . 南船纪 // 中国科学技术典籍通汇 - 技术卷一 [M]. 郑州：河南教育出版社，1993.

[22] 茅元仪 . 武备志 [M]. 海南：海南出版社，2001.

[23] HSIAO K H，YAN H S.Structural Synthesis of Ancient Chinese Zhuge Repeating Crossbow. Explorations in the History of Machines and Mechanisms,

Springer, Netherlands, 2012：213−228.

[24] 陆敬严, 华觉明主编 . 中国科学技术史－机械卷 [M]. 北京: 科学出版社，2000.

[25] 陆敬严 . 中国机械史 [M]. 中国台湾台北：越吟出版社，2003.

[26] 张春晖，游战洪，吴宗泽，等 . 中国机械工程发明史：第二编 [M]. 北京：清华大学出版社，2004.

[27] 颜鸿森 . 古中国的尖劈 [J]. 台北 : 中国机械工程，1998（221）: 34−37.

[28] 王充 . 论衡 [M]. 台北：宏业书局 , 1983.

[29] 颜鸿森 . 古中国的斜面 [J]. 台北：中国机械工程，1998（222/223）：56−60.

[30] 陈美东 . 简明中国科学技术史话 [M]. 台北：明文书局，1992.

[31] 颜鸿森 . 古中国的螺旋 [J]. 台北：中国机械工程，1998（224）：30−33.

[32] 葛洪 . 抱朴子 [M]. 台北：台湾商务印书馆，1979.

[33] 王振铎 . 科技考古论丛 [M]. 北京：文物出版社，1989.

[34] 颜鸿森 . 古中国的杠杆 [J]. 台北：中国机械工程，1998（225）：68−73.

[35] 徐光启 . 农政全书 [M]. 台北：台湾商务印书馆，1968.

[36] 庄周 . 庄子 [M]. 台北：锦绣出版社，1993.

[37] 贾思勰 . 齐民要术 [M]. 台北：台湾商务印书馆，1968.

[38] 吕不苇 . 吕氏春秋 [M]. 台北：锦绣出版社，1993.

[39] 晁贯之 . 墨经 [M]. 台北：艺文出版社，1966.

[40] 孟轲 . 孟子 [M]. 台北：艺文出版社，1969.

[41] 颜鸿森，古中国的滑轮 [J]. 台北：中国机械工程，1998（226）：21–26.

[42] 颜鸿森，机构学 [M].3 版 . 台北：东华书局，2006.

[43] 范晔 . 后汉书杜诗传 [M]. 台北：鼎文出版社，1977.

[44] HSIAO K H. Structural Synthesis of Ancient Chinese Original Crossbow, T. Can. Soc. Mech. Eng., 37 （2）, pp. 259–271, 2013.

[45] 桓谭 . 桓子新论 [M]. 台北：艺文出版社，1967.

[46] 脱脱 . 宋史：卷三百四十 [M]. 台北：鼎文出版社，1983.

[47] 范晔 . 后汉书 [M]. 台北：鼎文出版社，1977.

[48] 陈寿 . 三国志 [M]. 台北：台湾商务印书馆，1968.

[49] YAN H S, HSIAO K H. The Development of Ancient Earthquake Instruments, Proceedings of ASME 2006 Design Engineering Technical Conferences – the 30th Mechanisms and Robotics Conferences, paper no. DETC2006–99107, Philadelphia, Pennsylvania, September 10–13, 2006.

[50] YAN H S, HSIAO K H. Reconstruction Design of the Lost Seismoscope of Ancient China. Mech. Mach. Theory, Vol. 42, pp. 1601–1617, 2007.

[51] HOUGH S E. Earthshaking Science: What We Know （and don't Know） about Earthquakes. Princeton University Press, New Jersey, 2002.

[52] LEVY M, SALVADORI M G. Why the Earth Quakes, Norton, New York, 1995.

[53] BOLT B A. Earthquakes and Geological Discovery, Scientific American Library, New York, 1993.

[54] DEWEY J, BYERLY P. The Early History of Seismometer （to 1900）, Bulletin of the Seismological Society of America, Vol. 59, No. 1, pp. 183–227, 1969.

[55] MILNE J, LEE A W. Earthquakes and other Earth Movement, P. Blakiston’s Sons, Philadelphia, 1939.

[56] 范晔 . 后汉书・张衡传 [M]. 台北：鼎文出版社，1977.

[57] 王振铎 . 汉张衡候风地动仪造法之推测 [J]. 燕京学报，1936，20：577–586 .

[58] MILNE J. Earthquakes and other Earth Movements, Appleton, New York, 1886.

[59] IMAMURA A. Tokyo and His Seismoscope, Japanese Journal of Astronomy and Geophysics, Vol. 16, pp. 37–41, 1939.

[60] 李志超 . 天人古义 [M]. 郑州：大象出版社，1998.

[61] 冯锐，田凯，朱涛，等 . 张衡地动仪的科学复原 [J]. 自然科学史研究 . 2006，25:53–76.

[62] DAVISON C. The Founders of Seismology, Cambridge University Press, New York, 1927.

[63] MILNE J. Earthquakes, Appleton, New York, 1899.

[64] YAN H S, LIN T Y. A Study on Ancient Chinese Time Laws and the Time-telling System of Su Song's Clock-tower. Mech. Theory, 2002，37（1）：15-33.

[65] 王振铎 . 科技考古论丛 [M]. 北京：文物出版社，1989.

[66] 管成学，杨荣垓，苏克福，等 . 苏颂与《新仪象法要》研究 [M]. 长春：吉林文史出版社，1991.

[67] 李志超 . 水运仪象志 [M]. 合肥：中国科技大学出版社，1997.

[68] 胡维佳 . 新仪象法要 [M]. 沈阳：辽宁教育出版社，1997.

[69] 施若谷 . 天文钟与擒纵器的辨析 [M].// 时计仪器史论丛 . 第一辑 . 苏州：中国计时仪器史学会 .1994：68-75.

[70] 李约瑟 . 中国科学与文明第 1 册 [M]. 北京：科学出版社，1990.

[71] 陈俊玮 . 指南车之系统化复原设计 [D]. 台南：成功大学，2006.

[72] YAN H S, CHEN C W. A Systematic Approach for the Structural Synthesis of Differential-type South Point Chariots, JSME International Journal, Series C, Vol. 49, No. 3, pp. 920-929, September 2006.

[73] 崔豹 . 古今注 [M]. 台北：台湾商务印书馆， 1966.

[74] 李昉 . 太平御览 [M]. 台北：台湾商务印书馆， 1983.

[75] 沈约 . 宋书 [M]. 台北：台湾商务印书馆， 1983.

[76] 萧子显 . 南齐书 [M]. 台北：宏业书局， 1972.

[77] GAUBIL A. Observations Math è Matiques, Astro., Geogr., Chronol., et Phys., Tires des Anciens Livres Chinois, Paris, pp. 94–95, 1732.

[78] KLAPROTH J. Lettre á Humboldt sur l' Invention de la Boussole, Paris, p. 93, 1834.

[79] HIRTH F. Origin of the Mariner' s Compass in China, The Ancient History of China, Columbia Univ. Press, New York, pp. 129–130, 1908.

[80] GILES H A. The Mariner' s Compass, Adversaria Sinica, No.7, Shanghai, p. 219, 1909.

[81] MOULE A C. Textual Research on the Manufacture of Yan Su' s and Wu De–ren' s South Pointing Chariots from the Song Dynasty, Qinghua Journal, Beijing, Vol. 2, pp. 457–467, 1925.

[82] HASHIMOTO M.Origin of the Compass, Memoir' s of the Research Department of the Toyo Bunko （The Oriental Library）, Tokyo, No. 1, pp. 67–92, 1926.

[83] MIKAMI Y.The Chou–jen–chuan of Yuan Yuan, Isis, Chicago, Vol. II, p. 124, 1928.

[84] 王振铎 . 指南车记里鼓车之考证与模制 [J]. 史学集刊，1937，（3）：1–47.

[85] LANCHESTER G. The Yellow Emperor’s South Pointing Chariot, a Speech Script at the China Society of Britain, London, 1947.

[86] 李约瑟 . 中国科学技术史 [M]. 上海：上海古籍出版社，1999.

[87] 陆敬严 . 指南车研究概述, 历史月刊, 1994,（80）: 80–84.

[88] 卢志明 . 中国古代指南车的分析 [J]. 西南大学学报, 1979,（2）: 95–101.

[89] 颜志仁 . 中国古代指南车的原理与构造 [J]. 上海机械学院学报, 1984, (1): 31–40.

[90] 颜志仁 . 指南车 [J]. 中等学校科学与技术, 1982,（5）: 32–33.

[91] 杨衍宗 . 指南车机构设计 [J]. 机械工程, 1986,（154）: 18–24.

[92] MUNEHARU M, SATOSHI K. Study of the Mechanics of the South Pointing Chariot–the South Pointing Chariot with the Bevel Gear Type Differential Gear Train, Transactions of Japan Society of Mechanical Engineering, Part C, Vol. 56, pp. 462–466, 1990.

[93] MUNEHARU M, SATOSHI K. Study of the Mechanics of the South Pointing Chariot – 2nd report, the South Pointing Chariot with the External Spur–gear–type Differential Gear Train, Transactions of Japan Society of Mechanical Engineering, Part C, Vol. 56, pp. 1542–1547, 1990.

[94] Santander M. The Chinese South–seeking Chariot, American Journal of Physics, pp. 782–790, 1992.

[95] HSIEH L C, JEN J Y, HSU M H. Systematic Method for the Synthesis of South

Pointing Chariot with Planetary Gear Trains, Transactions of Canadian Society for Mechanical Engineering, Vol. 20, pp. 421–435, 1996.

[96] 陈英俊 . 摩擦传动指南车：台湾地区新型专利第 371043 号 [P].1999.

[97] 刘仙洲 . 中国在传动机件方面的发明 // 清华学报 .2. 北京：1954：40–47.

[98] SLEESWYK A W. Reconstruction of the South Pointing Chariots of the Northern Song Dynasty, Escapement and Differential Gearing in 11th Century China, Chinese Science, Pennsylvania, pp. 4–36, 1977.

[99] 颜志仁 . 运转不穷而司方如一 [J]. 大众机械，1983，(1)：18–19.

后记
Afterword

数千年的历史长河，古中国各个朝代在独特的历史脉络与环境条件下，发展出类型多样、数量庞大、功能多样的机械科技文明，更有许多机械发明是世界首创，且影响深远，如农业机械、纺织机械、灌溉机械、计时仪器、手工业机械、矿业机械等，这些都是古中国杰出的创造发明，解决当时实际的生产应用与生活需求，亦对世界文明的进步及机械技术的发展产生了极大的帮助。

本书介绍的地动仪、水运仪象台及指南车等三位主角，更是古中国极为杰出的重要机械装置，除了在当时受到天子与朝廷百官的重视之外，一般民间百姓更视其为稀奇的伟大发明，其影响更延伸至近现代的学术研究中，这三位主角分别在地震学史、天文学与计时仪器及控制与齿轮系统等学科中，引发全世界许多专家学者的关注并投入研究。其中的水运仪象台更留下《新仪象法要》这本重要的古籍文献，让后人可以了解这座宏伟的天文计时仪器内部机械构造及其设计原理。

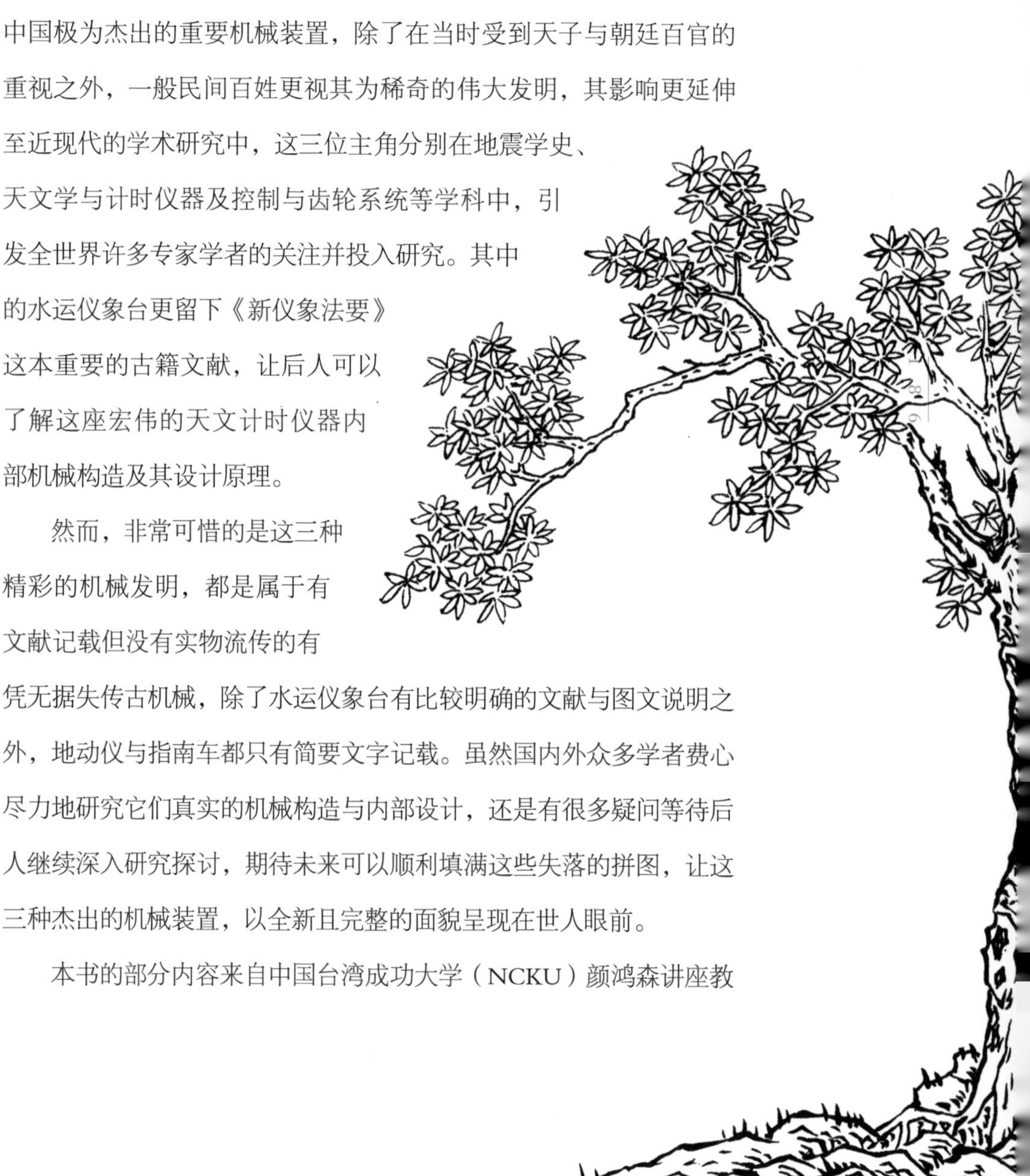

然而，非常可惜的是这三种精彩的机械发明，都是属于有文献记载但没有实物流传的有凭无据失传古机械，除了水运仪象台有比较明确的文献与图文说明之外，地动仪与指南车都只有简要文字记载。虽然国内外众多学者费心尽力地研究它们真实的机械构造与内部设计，还是有很多疑问等待后人继续深入研究探讨，期待未来可以顺利填满这些失落的拼图，让这三种杰出的机械装置，以全新且完整的面貌呈现在世人眼前。

本书的部分内容来自中国台湾成功大学（NCKU）颜鸿森讲座教

授研究团队多年的研究成果。颜教授自20世纪90年代开始投身古机械研究领域，结合现代机构设计方法与古代机械工艺之跨界研究思维，系统化孕育出失传古机械复原设计方法。本书的三位主角（地动仪、水运仪象台及指南车）分别为著者、现任南台科技大学林聪益教授及树德科技大学陈俊玮助理教授求学时的博士论文。因此，著者要特别感谢颜教授、林教授与陈教授的辛劳努力，提供许多学术科研成果，才能让本书可以有深度地展现古代机械的多元面向。

著者服务于科学工艺博物馆（高雄）是南台湾最大的社会教育机构。1997年对外开放后，以研究、搜藏、展示各项科技主题及推广社会科技教育为主要功能，馆内的工作业务亦是相当繁重。感谢陈训祥馆长与搜藏研究组林仲一主任和同仁们对于著者的支持与协助，让本书可以顺利完成。最后要特别感谢我的太太与两个宝贝女儿，你们的支持是我持续向前的动力。